Das Kieselsäuregel und die Bleicherden

Von

Dr. Oscar Kausch
Oberregierungsrat und Mitglied des
Reichspatentamtes

Ergänzungsband

Mit 15 Textabbildungen

Berlin
Verlag von Julius Springer
1935

ISBN-13: 978-3-642-89933-1 e-ISBN-13: 978-3-642-91790-5
DOI: 10.1007/978-3-642-91790-5

Vorwort.

Die seit Erscheinen des Buches „Das Kieselsäuregel und die Bleicherden“ durchgeführten Arbeiten und erteilten Patente, soweit solche veröffentlicht wurden, geben Kunde davon, daß auf dem beregten Gebiete mit stetem Eifer und gutem Erfolge gearbeitet wird.

Die Fülle des neuen, vielseitigen Stoffes gebot die Ergänzung der in dem Hauptbande enthaltenen Veröffentlichungen.

Berlin-Grunewald, Mai 1935.

Der Verfasser.

Inhaltsverzeichnis.

I. Das Kieselsäuregel.

1. Die Eigenschaften und Herstellung des Kieselsäuregels.

Seit Erscheinen des Hauptbandes haben Untersuchungen eingehender Art, die von verschiedenen Forschern durchgeführt wurden, weitere Aufklärung über die Eigenschaften des Kieselsäuregels und seine Herstellung gebracht.

Das Kieselsäuregel wird durch Erhitzen auf 300° C am stärksten aktiviert. Unter 500° C ist die Dauer der Erhitzung von untergeordneter Wirkung. Die Benetzungswärme des Gels erfährt eine Änderung um 1,5 cal, wenn es 2 Stunden lang, an Stelle $^1/_2$ Stunde bei 800° C erhitzt wird. Ein eindeutiger Zusammenhang zwischen dem Wassergehalt und der Aktivität des Gels war nicht festzustellen[1].

Die Oberflächenspannungen während des Absetzen des Gels und den Einfluß der Temperatur auf die Absetzzeit haben C. B. Hurd und H. A. Letteron[2] studiert.

Läßt man aus Natriumsilikat und Salzsäure erhältliches Kieselsäuregel sich längere Zeit zusammenziehen, so entstehen allmählich Risse; dieses Gel erhält nach wiederholtem Eintauchen in mehrmals erneutes Wasser oder sonstige alkalische, saure oder neutrale Flüssigkeiten und nach mehrwöchigem Trocknen an der Luft bei Zimmertemperatur den Charakter des Quarzes unmittelbar vor dem Schmelzen[3].

Nach Feststellungen von R. Schwarz und H. Richter[4] ist, sofern das Wasser chemisch gebunden ist, in den Kieselsäuregelen ein SiO_2-Hydrat (Dikieselsäure H_2SiO_5) enthalten.

Anscheinend strebt Kieselsäuregel stets der schließlichen Bildung von anhydrischer, kristallisierter Kieselsäure zu[5].

Konstitutionsformeln für Silicagel, aktive Kohle und aktive Tonerde stellte E. W. Alexejewski[6] auf.

Die Strukturänderungen des Kieselsäuregels während des Erhitzens wurden von W. S. Patrick, J. C. Frazer und R. J. Rush[7] untersucht.

---

1 Bartell, F. E. u. E. G. Almy: Journ. physical Chem. **36**, S. 475—489, 1932.

2 Hurd, C. B. u. H. A. Letteron: Journ. physical Chem. **36**, S. 604—614, 1932.

3 Bary, P.: Compt. rend. Acad. Sciences **186**, S. 863—864.

4 Schwarz, R. u. H. Richter: Ber. Dtsch. chem. Ges. **60**, S. 2263—2270, 1927.

5 Fells, H. A. u. J. B. Firth: Trans. Faraday Soc. **23**, S. 623—630, 1927.

6 Alexejewski, E. W.: Journ. Russ. phys.-chem. Ges. **62**, 817—826, 1930.

7 Patrick, W. S., J. C. Frazer u. R. J. Rush: Journ. physical Ind. **13**, 1511—1520.

M. Kröger und Fischer[1] bestimmten die elastischen Eigenschaften saurer und alkalischer Kieselsäuregallerten. Beide sind bei gleichem Alter trotz großer plastischer Unterschiede elastisch ziemlich gleichwertig. Bei ansteigendem Alter nehmen Plastizität und Elastizität beider stark ab.

Rhythmische tägliche Bänder von Gold und Platin stellten E. C. H. Davies und V. Sivertz[2] in Kieselsäuregel fest.

Im Kieselsäuregel erhält man nach H. N. Holmes[3] sehr schöne Krystalle von Gold, Bleijodid usw.

Das Wachstum von Bleikristallen im Silicagel untersuchten R. Taft und J. Stareck[4].

Die Wanderung von Salzen in Kieselsäuregelen untersuchte K. Schultze[5].

Über die Wertbestimmung von Kieselsäuregelen haben W. Bachmann und L. Maier gearbeitet[6].

Gele der Kieselsäure lassen sich mit Alkali potentiometrisch titrieren[7].

Ferner haben M. Prasad, S. M. Mehta und J. B. Desai[8] den Einfluß von Alkoholen auf die Viskositätsänderung saure und alkalische Kieselsäuregele liefernder Gemische unter Berücksichtigung der Hydratisierung untersucht. Es stellte sich dabei heraus, daß die Zunahme der Viskosität sowohl in schwach sauren, als auch in alkalischen Gemischen beschleunigt wird.

M. Prasad, S.M. Mehta und J.B. Desai[9] stellten ferner auf Grund von Messungen der Extinktionskoeffizienten verschiedener, Kieselsäuregel bildender Gemische mittels des Hilger-Nuttingschen Spektrometers fest, daß die Bildung von Micellen bei konstanter Konzentration im Sol und in alkalischen Gelen größer als in sauren Gelen ist. Aus dem Verlauf der aufgestellten Zeit-Extinktionskoeffizienten — ergab sich die Sedimentationsgeschwindigkeit der Gele. Es ergab sich ferner, daß die Gelbildung innerhalb eines gewissen Bereichs der kinetischen Theorie der Kolloidkoagulation infolge Einwirkung von Elektrolyten von Smoluchowsky folgt.

[1] Kröger, M. u. Fischer: Kolloid-Zeitschr. **47**, S. 10—14, 1929.

[2] Davies, E. C. H. u. V. Sivertz: Journ. physical Chem. **30**, S. 1467—1476, 1926.

[3] Holmes, H. N.: Bull. Soc. chim. France [4] **43**, S. 261—287.

[4] Taft, R. u. J. Stareck: Journ. chem. Education **7**, S. 1520—1536, 1930.

[5] Schultze, K.: Kolloid-Zeitschr. **51**, S. 299—308, 1930.

[6] Bachmann, W. u. L. Maier: Zeitschr. anorgan. allg. Chem. **168**, S. 61—72, 1927.

[7] Wilstätter, R., H. Kraut u. K. Lobinger: Ber. Dtsch. chem. Ges. **61**, S. 2280—2293, 1928.

[8] Prasad, M., S. M. Mehta u. J. B. Desai: Journ. physical Chem. **36**, S. 1391 bis 1400, 1932.

[9] Prasad, M., S. M. Mehta u. J. B. Desai: Journ. physical Chem. **36**, S. 1324 bis 1336, 1932.

Für die Dialyse ist die Gleichung

$$c^t = c_0 \cdot e^{-\lambda \cdot t}$$

aufgestellt worden, in der c_0 die Anfangskonzentration, c^t die Konzentration nach der Zeit t und λ eine von den Bedingungen, insbesondere von der spezifischen Oberfläche abhängige Konstante bedeuten.

Diese Gleichung ist von H. Brintzinger[1] bei der Reinigung der kolloiden Kieselsäure von Chlor bei Einhaltung gewisser Versuchsbedingung als gültig festgestellt worden.

Auf Grund seiner Messungen der Benetzungswärme des Kieselsäuregels (5,5 auf 100) mit Hilfe verschiedener polarer, wie Alkohole, Essigsäure und Anilin und unpolarer Flüssigkeiten kam R. Berthon[2] zu der Erkenntnis, daß bei polaren Flüssigkeiten die Differenz der Adhäsions- und Kohäsionswärme am größten ist.

Messungen der Leitfähigkeit verschiedener Gemische von wässerigen Natriumsilikatlösungen und Essigsäure von dem Zeitpunkt des Mischens der Flüssigkeiten bis zur Bildung des Kieselsäuregels haben C. B. Hurd und H. J. Swanker[3] durchgeführt.

Elektrolyte erniedrigen im allgemeinen die Lichtdurchlässigkeit von Kieselsäuregelen, aliphatische Alkohole die Durchlässigkeit der Gele, Mineralsäuren erhöhen sie, während Hydroxyde sie erniedrigen[4].

Das elektrokinetische Potential der Kieselsäuregallerte hat sich als unabhängig von mechanischen Deformationen (Abpressen, Zerbröckeln, Verdünnen) erwiesen. Es beträgt in 0,001-n und 0,0001-n. Salpetersäure im Mittel $0{,}209 \cdot 10^{-3}$ bzw. $1{,}210 \cdot 10^{-3}$ Volt, d. h. es ist gegenüber dem des Quarzpulvers und dem der geglühten Kieselsäure (unter den gleichen Bedingungen $23{,}8 \cdot 10^{-3}$ und $12{,}3 \cdot 10^{-3}$ Volt) anormal klein[5].

D. S. Dedrick[6] untersuchte die Reduktion des Kupfer-II-Ions in Kieselsäuregelen verschiedener Konzentration.

Äthylen gegenüber verhalten sich Silicagel, Silicagel-Borax und Silicagel-Kalziumhydroxyd bis 600° C indifferent[7].

Die Oxydation des Äthylens an metallisiertem Silicagel untersuchten L. H. Reyerson und L. E. Swearingen[8].

Beim Überleiten von Chlorbenzol und Brombenzol mit Wasserdampf bei 500—550° C und gewöhnlichem Druck über Kieselsäuregel werden

[1] Brintzinger, H.: Zeitschr. anorgan. allgem. Chem. **168**, S. 145—149, 1927.
[2] Berthon, R.: Compt. rend. Acad. Sciences **195**, S. 1019—1021, 1932.
[3] Hurd, C. B. u. H. J. Swanker: Journ. Amer. chem. Soc. **55**, S. 2607, 1933.
[4] Yajnik, N. A. u. L. N. Haksar: Kolloid-Zeitschr. **49**, S. 303—308, 1929.
[5] Glixelli, S. u. J. Wiertelak: Kolloid-Ztschr. **43**, S. 85—92.
[6] Dedrick, D. S.: Journ. physical Chem. **35**, S. 1777—1783, 1931.
[7] Walker, H. W.: Journ. physical Chem. **31**, S. 961—996.
[8] Reyerson, L. H. u. L. E. Swearingen: Journ. Amer. chem. Soc. **50**, S. 2872—2878, 1928.

sie zu Chlor- bzw. Bromwasserstoff, Phenol und Diphenyläther hydrolysiert[1].

Die entschwefelnde Wirkung des Silicagels haben H. J. Waterman und M. J. van Tussenbroek[2] untersucht.

Die Zersetzung von Wasserstoffsuperoxyd an Silikagel haben W. M. Wright und E. K. Rideal[3] geprüft.

Ferner stellte A. Korolew[4] fest, daß Kieselsäuregel die Bildung von Estern und Äthern fördert.

Saures Kieselsäuregel bewirkt nur geringe Entfärbung von Gallenlösungen[5].

Den Basenaustausch stellte E. Biesalski[6] mit Hilfe von aus Zinksulfat und Natriumsilikatlösung erhaltenem zinkhaltigen Kieselsäuregel fest.

Kieselsäuregele besitzen nach N. Kameyama und S. Oka[7] im wesentlichen die Eigenschaften der japanischen, sauren Erde, wirken jedoch nicht oxydierend auf Benzidin. Analog wirkt Silicagel mit 1 Mol. Tonerde auf 6 Mol. Kieselsäure.

Die Assimilation des Phosphors durch den Azotobacter wird durch Kieselsäuregel gefördert[8].

Die katalytische Wirkung metallisierten Silicagels bei der Hydrierung des Äthylens und Azetylens untersuchten V. N. Morris und L. H. Reyerson[9].

Ferner studierten Swearingen und Reyerson[10] die katalytische Wirksamkeit metallisierter Kieselsäuregele bei der Synthese von Wasser.

Die katalytische Wirksamkeit bei der Oxydation von Methan und Äthylens untersuchten Reyerson und Swearingen[11].

Silicagel als solches und mit Aluminiumsulfat getränktes Gel wurden von J. Adadurow und K. Brodowitsch[12] auf ihre Fähigkeit als Platinkontaktträger untersucht.

---

[1] Chalkley, L. jr.: Journ. Amer. chem. Soc. **51**, S. 2489—2495.

[2] Waterman, H. J. u. M. J. van Tussenbroek: Brennstoff-Chem. 8, S. 20 bis 21.

[3] Wright, W. M. u. E. K. Rideal: Trans. Faraday Soc. **24**, S. 530—538.

[4] Korolew, A.: Journ. chem. Ind. 4, S. 547.

[5] Witt, H.: Biochem. Zeitschr. **207**, S. 241—245.

[6] Biesalski, E.: Zeitschr. anorgan. allg. Chem. **160**, S. 107—127.

[7] Kameyama, N. u. S. Oka: Journ. Soc. chem. Ind. Japan (Suppl.) **31**, S. 269 B—271 B, 1928.

[8] Ziemiecka, J.: Rozniki Nauk Rolniczych I Lésynch Posen Univ. **22**, S. 343 bis 349.

[9] Morris, V. N. u. L. H. Reyerson: Journ. physical Chem. **31**, S. 1220 bis 1229 u. 1332—1337.

[10] Swearingen u. Reyerson: Journ. physical Chem. **32**, S. 113—120.

[11] Reyerson u. Swearingen: Zeitschr. physikal. Chem. **32**, S. 192—201 u. Journ. Amer. chem. Soc. **50**, S. 2872—2878.

[12] Adadurow, J. u. K. Brodowitsch: Ukrain. chem. Journ. 4, S. 123—127, 129—141, 1930.

Die verschiedenen Auffassungen über die Adsorption von Dämpfen auch an Kieselsäuregel erörterte A. Fleischer[1].

Über den Adsorptionsvorgang, die Oberflächenbeschaffenheit des Silicagels und den Verlauf der Isothermen beim Sorptionsprozeß von Gasen und Dämpfen mittels des Gels haben A. J. Allmand und L. J. Burrage[2] gearbeitet.

Verschiedene Silicagelsorten dienten der Untersuchung von E. Bosshard und E. Jaag[3] über die Adsorption von Gasen und Dämpfen an Silicagel.

L. v. Putnoky und G. von Szelényi[4] prüften den zeitlichen Verlauf der Adsorption von Gasgemischen durch Silicagele.

Weiterhin untersuchten W. Kälberer und C. Schuster[5] die Isothermen und Adsorptionswärmen für die Adsorption von Argon, Kohlendioxyd, Stickstoff und Äthylen an Kieselsäuregelen.

Die Adsorptionsthermen des Silicagels haben B. Lambert und A. M. Clark[6] studiert.

Die Isothermen der Adsorption von Kohlendioxyd an Kieselsäuregel bei von — 21,2 bis 100° C unter Drucken von 0,1—766 mm Quecksilber bestimmten A. Magnus und R. Kieffer[7].

Äußerst empfindlich soll das Kalorimeter sein, mit dem die Adsorptionswärme bei der Adsorption von Kohlendioxyd durch Kieselsäuregel bei 0° und 0,5° von A. Magnus und H. Giebenhain[8] bestimmt wurde.

Das Adsorptionsvermögen von Silicagelen für Schwefeldioxyd- und Bromdämpfe bestimmten E. Bosshard und E. Jaag[9].

A. R. Urquhart[10] beschäftigte sich mit der Adsorptionshysterese bei Adsorption von Wasser durch Silicagel.

Gleichgewichtsmessungen der Adsorption von Wasserdampf an Silicagel führten W. A. Patrick, P. B. Davis und E. H. Barclay[11] durch.

---

[1] Fleischer, A.: Amer. Journ. Science (Silliman) (5) **16**, S. 247—257, 1928.

[2] Allmand, A. J. u. L. J. Burrage: Proceed. Roy. Soc., London Serie A. **130**, S. 610—632, 1931.

[3] Bosshard, E. u. E. Jaag: Helv. chim. Acta **12**, S. 105—113.

[4] Putnoky, L. v. u. G. von Szelényi: Zeitschr. Elektrotechn. **34**, S. 805 bis 813.

[5] Kälberer, W. u. C. Schuster: Zeitschr. physikal. Chem. **141**, S. 270—296.

[6] Lambert, B. u. A. M. Clark: Proceed. Roy. Soc., London Serie A. **117**, S. 183—201, 1927.

[7] Magnus, A. u. R. Kieffer: Zeitschr. anorgan. allg. Chem. **179**, S. 215—232.

[8] Magnus, A. u. H. Giebenhain: Zeitschr. physikal. Chem. Abt. A **143**, S. 265—277.

[9] Bosshard, E. u. E. Jaag: Helvet. chim. Acta **12**, S. 105—113.

[10] Urquhart, A. R.: Journ. Textile Inst. **20**, S. 117—124, 1929.

[11] Patrick, W. A., P. B. Davis u. E. H. Barclay: Colloid Symposium Monograph **7**, S. 129—133, 1930.

Die Dichte von an Silicagel adsorbiertem Wasser bestimmten D. T. Ewing und C. H. Spurway[1].

Die Adsorption des Wassers an das Silicagel bildete den Gegenstand der Untersuchungen von P. Koets[2].

Den zeitlichen Verlauf der Adsorption von Luft, Alkohol und Äther enthaltenden Gasgemischen an verschiedenen Kieselsäuregelen studierten L. von Putnocky und G. v. Szelényi[3].

Gemische von Silicagel und aktiver Kohle adsorbieren Gase, Dämpfe und Jodlösungen besser als ihre Einzelbestandteile[4].

Kieselsäuregel adsorbiert Radiumemanationen bei der Temperatur des festen Kohlendioxyds in ähnlichem Maße wie (aktivierte) Kohle bei Zimmertemperatur[5].

Versuche von G. W. Smith und L. H. Reyerson[6] fanden, daß Silicagel Kupferammonium- und Nickelammoniumionen gut adsorbiert.

Die adsorbierende Wirkung von mit Metallen (Kupfer, Platin und Palladium) beladenem Kieselsäuregel gegenüber Wasserstoff, Sauerstoff, Kohlendioxyd und Äthan ist von L. H. Reyerson und L. E. Swearingen[7] untersucht worden. Die Genannten bestimmten auch die Wirkung von nicht beladenem Kieselsäuregel gegenüber den genannten Gasen.

Über die Adsorption von Sauerstoff und Ozon an Kieselsäuregel arbeiteten A. Magnus und K. Grähling[8].

Die Adsorption von Stickstoffdioxyd an Kieselsäuregel haben A. W. Ssoposhnikow, A. P. Okatow und M. B. Sussurow[9] untersucht.

Messungen der Adsorption von Chlor an Kieselsäuregel nahmen A. Magnus und A. Müller[10] vor.

Sodann bildete die Verschiebung chemischer Gleichgewichte durch selektive Adsorption von Hydroxyden an Kieselsäuregel den Gegenstand einer Arbeit von Berthon[11].

---

[1] Ewing, D. T. u. C. H. Spurway: Journ. Amer. chem. Soc. **52**, S. 4635 bis 4641, 1930.

[2] Koets, P.: Koninkl. Akad. Wetensch. Amsterdam, wisk. natk. Afd., Proceedings **34**, S. 420—426, 1931.

[3] Putnocky, L. von u. G. v. Szelényi: Zeitschr. Elektrochem. **36**, S. 10 bis 15, 1930.

[4] Schilow, N., M. Dubinin u. S. Toropow: Kolloid-Zeitschr. **49**, S. 120 bis 126, 1929.

[5] Becker, A. u. K. H. Stehberger: Ann. Physik (5) **1**, S. 529—555.

[6] Smith, G. W. u. L. H. Reyerson: Journ. Amer. chem. Soc. **52**, S. 2584 bis 2585, 1930.

[7] Reyerson, L. H. u. L. E. Swearingen: Journ. physical Chem. **31**, S. 88 bis 101.

[8] Magnus, A. u. K. Grähling: Zeitschr. physikal. Chem. Abt. A. **145**, S. 27 bis 47, 1929.

[9] Ssoposhnikow, A. W., A. P. Okatow u. M. B. Sussurow: Journ. Russ. phys.-chem. Ges. **61**, S. 1353—1368, 1929.

[10] Magnus, A. u. A. Müller: Zeitschr. physikal. Chem. **148**, S. 241—260, 1930.

[11] Berthon: Compt. rend. Acad. Science **195**, S. 43—45, 1932.

Gemischte Tonerde-Kieselsäuregel wiesen ein Maximum der Benzoladsorption bei etwa 28% Tonerde auf[1].

Sodann fanden M. O. Charmandarjan und G. D. Dachnjuk[2], daß in Gegenwart von Asbest oder Bimsstein gefälltes Kieselsäuregel höhere Aktivität gegen Benzol zeigt.

Kieselsäuregel und Fullererde adsorbieren organische Verbindungen (Asparaginsäure, Piperidin) etwa in gleichem Umfange[3].

Bei der Bearbeitung der chemischen Sorption benutzte S. Liepatow[4] saure Gele, wie Kieselsäuregel.

Kolloide Kieselsäure und ihre Adsorptionsfähigkeit hat A. Okatow[5] untersucht.

Auch A. Frank[6] erörterte die Brauchbarkeit des Silicagels als Adsorptionsmittel.

Über das Adsorptionsvermögen und die darauf beruhende Verwendung des Silicagels berichtete W. Graulich[7].

Eingehende Untersuchungen stellten L. von Putnoky und W. Nérath[8] über die Sorptionsgeschwindigkeit des Alkohol- und Ätherdampfes an Kieselsäuregelen an.

Das gleiche gilt von der Sorptionsgeschwindigkeit der Gase Ammoniak, Kohlendioxyd und Äthan an Kieselsäuregel[9].

Wie B. S. Rao[10] ermittelte, wurden Alkohol aus seinen Benzollösungen und Benzol aus seinen Tetrachlorkohlenstofflösungen, und zwar bei allen Konzentrationen selektiv von Kieselsäuregel adsorbiert, ebenso Alkohol und Azeton aus ihren verdünnten Lösungen in Wasser, das Wasser dagegen aus konzentrierten Lösungen.

Wie P. Demougin[11] an Hand eingehender Untersuchungen feststellte, hängt die Menge der vom Kieselsäuregel adsorbierten Gase und Dämpfe von dem bei der Adsorption herrschenden Druck und der Temperatur ab.

Das Adsorptionsvermögen des Gels setzt sich aus dem für Gase und dem für Dämpfe zusammen, wobei eine scharfe Grenze zwischen

---

1 Chwodhury, J. K. u. H. N. Pal: Journ. Indian chem. Soc. **7**, S. 451—464, 1930.

2 Charmandarjan, M. O. u. G. D. Dachnjuk: Journ. chem. Ind. **7**, S. 1578 bis 1580, 1930.

3 Grettie, D. P. u. R. J. Williams: Journ. Amer. chem. Soc. **50**, S. 668 bis 672.

4 Liepatow, S.: Zeitschr. anorgan. allg. Chem. **157**, S. 22—26, 1926.

5 Okatow, A.: Chem. Zbl. 1929 II, S. 707.

6 Frank, A.: Chem.-Techn. Rdsch. **45**, S. 495—497, 1930.

7 Graulich, W.: Nitrozellulose **1**, S. 119—120, 1930.

8 Putnoky, L. von u. W.Neráth: Math. u. naturwiss. Ber. Ungarn **38**, S. 173—225, 1931.

9 Sameshima, J.: Bull. chem. Soc. Japan **7**, S. 133—135, 1932.

10 Rao, B. S.: Journ. physical Chem. **36**, S. 616—625, 1932.

11 Demougin, P.: Mem. Poudres **25**, S. 18—90, 1932—1933.

den Adsorptionsvermögen für beide nicht bestimmt werden konnte. Das Adsorptionsvermögen des Kieselsäuregels für Gase erreicht bei steigender Aktivierung des Gels einen Höchstpunkt, für Dämpfe ist eine stetige Zunahme des Adsorptionsvermögens festzustellen.

Nimmt die Aktivierung des Gels zu, so ändern sich die Benetzungswärme und Adsorptionsgeschwindigkeit des Gels für Gase in gleichem Sinne.

Das Druck-Konzentrations-Gleichgewicht zwischen Benzol und Silicagel untersuchten B. Lambert und A. M. Clark[1].

Eine dynamische Methode zur Messung der gemeinsamen Adsorption von Alkohol und Äther aus Gasgemischen durch verschiedene Kieselsäuregele diente L. von Putnoky und G. von Szelényi[2] zur Bestimmung des zeitlichen Verlaufs der Adsorption von Gasgemischen an Silicagelen.

D. C. Jones und L. Outbridge[3] äußerte sich auf Grund von Versuchen über die Adsorption durch Kieselsäuregel im System n-Butylalkohol—Benzol.

Ferner haben F. E. Bartell, G. H. Scheffler und C. K. Sloan[4] sowie Bartell und Scheffler (a. a. O. 2507—2511) die Adsorption an Silicagel aus den binären Systemen: Äthylkarbonat—Benzol, Alkohol—Benzol, Alkohol—Dimethylanilin und Äthylkarbonat—Methylbenzoat studiert.

Alizarinrot SX extra läßt sich aus Silicagel auswaschen[5].

Eingehend untersuchten J. Ferguson und M. P. Applebey[6] die Abscheidung von Flüssigkeiten (Synerese) durch Silicagel.

Weitere Untersuchungen von H. G. Grimm, W. Raudenbusch und H. Wolff über die Zerlegung binärer Flüssigkeitsgemische mittels Kieselsäuregels finden sich in der Zeitschr. f. angew. Chem. **41**, S. 104 bis 107.

Aus Siliziumtetrachlorid hergestelltes entwässertes Kieselsäuregel adsorbiert hydrolytisch aus den wässerigen Lösungen von Salzen am stärksten die Basen, organische Säuren schwächer und anorganische Säure gar nicht[7].

---

[1] Lambert, B. u. A. M. Clark: Proceed. roy. Soc., London **122**, S. 497—512.

[2] Putnoky, L. von u. G. von Szelényi: Zeitschr. Elektrochem. **34**, 1928.

[3] Jones, D. C. u. L. Outbridge: Journ. chem. Soc. London 1930, S. 1574 bis 1584.

[4] Bartell, F. E., G. H. Scheffler u. C. K. Sloan: Journ. Amer. chem. Soc. **53**, S. 2501—2507, 1931.

[5] Schmelen, L. A.: U.S.S.R. Scient-techn. Dpt. Supremé Council National Economy Nr. 263.

[6] Ferguson, J. u. M. P. Applebey: Trans. Faraday Soc. **26**, S. 642—645, 1930.

[7] Bartell, F. E. u. Y. Fu: Journ. physical Chem. **33**, S. 676—687.

Die spezifische Oberfläche von Silicagel untersuchten F. E. Bartell und Y. Fu[1].

Messungen von A. Magnus und W. Kälberer[2] bestätigten die experimentell festgestellte Abnahme der Absorptionswärme (bei der Adsorption von Kohlendioxyd) mit steigendem Druck im Gebiete niedriger Drucke.

Die Adsorptionstechnik (auch mit Hilfe der Kieselsäuregels und der Bleicherden) wurde von K. Wolf[3] erörtert.

Untersuchungen des Reaktionsmechanismus der Adsorptionen von Bestandteilen aus ammoniakalischen Kupfer-, Zink-, Nickel- und Cadmiumsulfat mittels Kieselsäuregel ergaben, daß komplexe Ammoniakate mit den entsprechenden Koordinationszahlen 2 für Kupfer, Zink und Cadmium und 4 für Nickel anzunehmen sind[4].

Untersuchungsresultate betreffend das Adsorptionsvermögen natürlicher und künstlicher Kieselsäuregele sind in der Zeitschr. angew. Chem. **40**, 1113—1115 von H. Wolter veröffentlicht worden.

Kieselsäuregele, die nach einem besonderen Verfahren erzeugt worden waren, ergaben hohe Dispersität, hohe Oberflächenadsorption, sowie typische Elektrolytkoagulation bei Einwirkung der Salze 2-wertiger Metalle (z. B. des Kalziums)[5]. Diese Feststellungen wurden von E. Gruner[6] kritisiert, worauf Haas[7] antwortete.

Kieselsäuregel führt bei 400—500° C Zersetzungen von Ketonen herbei[8]. Analog wirkt das Gel auf Essigsäure[9].

Unerwünschte Oxydationen an Kieselsäuregelen schaltete E. Berl (A. P. 1744735) durch Behandeln der letzteren mit Zinnchlorür, Stannosulfat, Zinntetrachlorid oder vielwertigen Alkoholen (Glyzerin, Mannit usw.) aus.

Anorganische und organische Säuren erniedrigten die negative Ladung des Kieselsäuregels. Auch der Einfluß von Salzen (Kalium-, Barium- und Lanthannitrat) ist festgestellt worden[10].

Das Kieselsäuregel und seine Adsorptionsfähigkeit unter Beschreibung einer Gewinnungsanlage für Benzol aus Kokereigasen nach dem System der Silica Gel Corporation in Baltimore hat P. Mautner[11] besprochen.

---

[1] Bartell, F. E. u. Y. Fu: Journ. Russ. phys.-chem. Ges. **62**, S. 287—294, 1930.
[2] Magnus, A. u. W. Kälberer: Ztschr. anorgan. allg. Chem. **164**, S. 357—365.
[3] Wolf, K.: Metallbörse **18**, S. 453—455.
[4] Berthon: Compt. rend. Acad. Sciences **195**, S. 384—386, 1932.
[5] Haas, J. R.: Chem.-Ztg. **55**, S. 975—976.
[6] Gruner, E.: Chem.-Ztg. **56**, S. 208.
[7] Haas: Chem.-Ztg. **56**, S. 353.
[8] Mitchell, J. A. u. E. E. Reid: Journ. Amer. chem. Soc. **53**, S. 330—337, 1931.
[9] Mitchell, J. A. u. E. E. Reid: a. a. O. S. 338—343.
[10] Glixelli, S. u. J. Wiertelak: Kolloid-Ztschr. **45**, S. 197—203.
[11] Mautner, P.: Kolloid-Ztschr. **42**, S. 273—275.

Manche Kieselsäuregele zerstäuben beim Zusammenbringen mit Wasser zu Pulver[1].

Nach K. Wolf und M. Praetorius[2] sind 2 Gruppen von Herstellungsverfahren des Kieselsäuregels zu unterscheiden, und zwar einmal diejenigen Verfahren, die bei der Fällung mit starkem Überschuß an Säure und ferner diejenigen, die bei der Fällung in der Nähe des Neutralpunktes arbeiten.

Der Zusatz von Elektrolyten (Alkalichlorid, Alkalinitrat, Alkaliazetat und Na_2SO_4) führte eine Beschleunigung der Gelbildung in sauren oder alkalischen Kieselsäuregel erzeugenden Reaktionsgemischen herbei[3].

Wie G. A. Blanc[4] feststellte, wird der Verlust der Anlagerung kolloider Kieselsäure an bei der Behandlung des Leucits mit Säure erhältliches Kieselsäurehydrogel durch Zusatz geringer Mengen an Elektrolyten zur Kieselsäuresuspension aufgehoben.

Silicagel läßt sich mit Hilfe von Schwefelsäure aus Nephelinen gewinnen[5].

Versuche zur Herstellung von Silicagel aus technischem Rohstoff (Wasserglas und Säure) stellten M. O. Charmandarjan und S. L. Kapellewitsch[6] an.

Die optimalen Bildungsbedingungen von Silicagel aus Alkalisilikatlösungen stellten R. C. Ray und P. B. Ganguly[7] an der Hand von Versuchen fest.

Zwecks Herstellung des Gemisches von Silicagel und aktiver Kohle mischte F. C. Bunge (Poln. P. 9921) kohlehaltiges Material mit Wasserglas, körnte nach Fällung des Gels die Masse, trocknete und glühte sie.

Über die Theorie der Herstellung von Silicagel hat P. Grigorjew[8] gearbeitet.

Über die Bildung von Kieselsäuregel in Natriummetasilikatlösungen haben M. J. Prucha und C. A. Getz[9] gearbeitet. Nach ihren Befunden ergab sich, daß in derartigen Silikatlösungen erst durch Zusätze Gelbildung hervorgerufen wird. In annähernd neutralen Silikatlösungen führt ein Zusatz von Milchsäure die Bildung von Gel herbei. Letztere

---

[1] Bary, P.: Revue génerale des Colloides **6**, S. 85—89.

[2] Wolf, K. u. M. Praetorius: Metallbörse **18**, S. 789—790.

[3] Prasad, M. u. R. R. Hattiangadi: Journ. Indian chem. Soc. **7**, S. 341 bis 346, 1930.

[4] Blanc, G. A.: Atti R. Accad. Lincei (Roma) Rend. [6] **13**, S. 327—330, 1931.

[5] Wolkow, P. A.: Compt. rend. Acad. Science U. S. S. R. Serie A. 1932, S. 165 bis 172.

[6] Charmandarjan, M. O. u. S. L. Kapellewitsch: Journ. chem. Ind. **7**, S. 1484—1488.

[7] Ray, R. C. u. P. B. Ganguly: Journ. physical Chem. **34**, S. 352—358. 1930 u. **35**, S. 596—601, 1931.

[8] Grigorjew, P.: Journ. prakt. Chem. [2] **118**, S. 91—95.

[9] Prucha, M. J. u. C. A. Getz: Ind. engin. Chem. **25**, S. 68—72, 1933.

vermindert sich, wenn die saure oder alkalische Reaktion der Lösungen ansteigt. Die Gelbildung wird durch Zusatz alkalischer Waschpulver (ausgenommen hierbei ist Natriumdikarbonat) nicht gefördert.

Bei Anwendung saurer Milch oder Milchpulver (50% und mehr) als Zusätze tritt die Bildung von Gel ein.

Nimmt man zum Reinigen von Milchflaschen Natriumsilikatlösungen, deren Konzentration $>$ 3% ist, und führt man diese Waschflüssigkeiten ab, ehe die Milchfeststoffkonzentration (ausgenommen Fett) 4% erreicht hat, so kann die Bildung von Gel hintangehalten werden.

G. Stoeltzner[1] fand, daß die Konzentration eines nach dem Verfahren von Graham erhaltenen Kieselsäuregels von dem Mengenverhältnis der angewendeten Salzsäure und dem Wasserglas (1 : 10, 1 : 0,1) weitgehend unabhängig ist.

Auf Grund von Versuchen gelangten M. Prasad und R. R. Hattiangadi[2] zu den Annahmen, daß die Absetzzeit von Kieselsäuregelen hauptsächlich von der Ladungsdichte an der Oberfläche der Teilchen, die in erster Linie von der Adsorption der Wasserstoff- und Hydroxylionen bestimmt wird und von der Konzentration des Koagulationsmittels abhängt.

Nichtelektrolyte (Pyridin, Pyridin + organische Säuren, Alkohole, Azetone) beeinflussen die Absetzzeit der Gele aus Gemischen von Natriumsilikat und Säuren, indem sie die Absetzzeit der Gele unter Umständen verringern[3].

Temperaturänderungen wirkten auf Mischungen der Lösungen einer Reihe von verschiedenen Wasserglaserzeugnissen und von Essigsäure, und zwar unabhängig vom Verhältnis des Natriums zum Silizium bzw. der Absetzzeit des Kieselsäuregels[4]. Für die Aktivierungswärme der Reaktion wurde als Mittelwert 16640 Cal. gefunden.

Anscheinend entstehen bei Mischungen der beiden obengenannten Lösungen sofort hydratisierte Kieselsäure und Natriumazetat. Es findet alsdann unter Wasseraustritt aus 2 Hydroxylgruppen benachbarter Kieselsäuremoleküle eine Zusammenlagerung von Kieselsäureteilchen langsam statt.

Das Verhalten von Kieselsäuregel beim Entwässern hat K. Krishnamurti[5] festgestellt. Gegen diese Arbeit haben J. B. Firth und H. A. Fells[6] Prioritätsansprüche geltend gemacht.

---

1 Stoeltzner, G.: Kolloid-Ztschr. **59**, S. 60, 1932.

2 Prasad, M. u. R. R. Hattiangadi: Journ. Indian. chem. Soc. **6**, S. 893 bis 902, 1929.

3 Prasad u. Hattiangadi: Journ. Indian chem. Soc. **6**, S. 991—1000, 1929.

4 Hurd, C. B. u. P. S. Miller: Journ. physical Chem. **36**, S. 2194—2204, 1932.

5 Krishnamurti, K.: Nature **118**, S. 843, 1926.

6 Firth, J. B. u. H. A. Fells: Nature **119**, S. 84—85.

B. Neumann[1] entwässerte Kieselsäuregel durch allmähliches Erhitzen von 200—1000° C. Der Wassergehalt sank von 6,6—0,0%, ebenso die Adsorptionsfähigkeit des Indanthrenbordeaux R von 61,4—0,0%. Dagegen steigerte sich die Adsorptionsfähigkeit des Gels für Goldsol mit zunehmender Temperatur.

Ferner stellten M. Prasad und R. R. Hattiangadi[2] Untersuchungen über Kieselsäuregele (Bildungszeit) an.

Einen Bericht über das Kieselsäuregel gab E. Ott[3].

Einen Überblick über das Kieselsäuregel und einige seiner technischen Anwendungen gab E. Bergve[4].

Die wichtigsten, 1929 erschienenen Arbeiten über die Kieselsäuretechnik veröffentlichten K. Wolf und M. Praetorius[5] in einem Sammelreferat.

Ferner hat C. Antenay[6] Bericht über die Herstellung und Wirksamkeit von Kieselsäuregel und Bleicherden erstattet.

Einen Überblick über das Silicagel und seine Verwendung in der Technik gab A. Salmony[7].

Ferner hat K. von Lüde[8] das Silicagel, seine Eigenschaften und Verwendung in der Industrie besprochen.

Ein weiterer Bericht betrifft das Kieselsäuregel und dessen Anwendungsmöglichkeiten, insbesondere zur Lufttrocknung[9].

Ein Alcogel der Kieselsäure gewannen B. S. Rao und K. S. G. Doß[10] mit einem Gehalt von 7% Alkohol und 0,21% Wasser.

Beiträge zur Kenntnis der aktiven Kieselsäuren lieferten E. Berl und H. Burkhardt[11].

2. Die im In- und Ausland patentierten Verfahren zur Herstellung von Kieselsäuregel.

Die seit Erscheinen des Hauptbandes im In- und Auslande erteilten Patente lassen erkennen, daß die Herstellung des Kieselsäuregels derart

[1] Neumann, B.: Ztschr. angew. Chem. **43**, S. 882—883, 1930.

[2] Prasad, M. u. R. R. Hattiangadi: Journ. Indian chem. Soc. **6**, S. 653 bis 663.

[3] Ott, E.: Monats-Bull. Schweiz. Ver. Gas- und Wasserfachm. **5**, S. 259—261, 1925.

[4] Bergve, E.: Tidskr. kemi Bergvaesen **11**, S. 127—129, 1931.

[5] Praetorius, M.: Metallbörse **20**, S. 2301—2302, 2357—2358.

[6] Antenay, C.: Ind. chimique **14**, S. 492—495, 542—546; **15**, S. 9—10, 73—76, 135—137.

[7] Salmony, A.: Umschau **34**, S. 784—786, 1930.

[8] Lüde, K. von: Österr. Chem.-Ztg. **33**, S. 108—110, 1930.

[9] Matagrin, A.: Rev. Chim. Ind. **40**, S. 202—207 u. 236—239, 1931.

[10] Rao, B. S. u. K. S. G. Doß: Journ. physical Chem. **35**, S. 3486—3488, 1931.

[11] Berl, E. u. H. Burkhardt: Ztschr. anorgan. allg. Chem. **171**, S. 102—125.

ausgebaut worden ist, daß die einschlägige Technik heutzutage Kieselsäuregel jeder für die Sonderverwendungen dieses Produkts geeigneten Art zu liefern vermag.

Für die Adsorption von Gasen und Dämpfen bei höherem Partialdruck, insbesondere von völlig oder nahezu gesättigten Dämpfen, vorteilhafte weitporige Gele stellte F. Stöwener (DRP. 444914 [I. G. Farbenindustrie A.G.], E. P. 263198) dadurch her, daß er einer auf beliebige Weise, zweckmäßig auf dem Wege über ein neutrales oder nahezu neutrales, am besten schwach saures Sol erzeugten Kieselsäuregallerte vor oder während der Trocknung, jedoch vor Beendigung der Schrumpfung einen Elektrolyten zusetzt, der der Gallerte ein zwischen 7—10 liegendes p_H erteilt.

Man kann z. B. durch geeignete Einstellung des Waschwassers diesen p_H-Wert erzeugen.

Zweckmäßig befreit man die Gallerte weitgehend von den bei ihrer Herstellung entstehenden Salzen.

Ferner verwendet man vorteilhaft eine Kieselsäuregallerte, die aus einem Sol erzeugt ist, das im Liter wenigstens 50 g Kieselsäure enthält.

Sodann gelang Stöwener (DRP. 523585 [I. G. Farbenindustrie A. G.]) die Erzeugung weitporiger Kieselsäure hoher Adsorptions- und Aufsaugekraft, und zwar unter Abkürzung des Waschprozesses. Dieses Verfahren besteht darin, daß die am besten saure Gallerte in ungereinigtem oder nur teilweise gereinigtem Zustande weitgehend, aber nicht bis zur völligen Schrumpfung vorgetrocknet, dann gereinigt und ihr ein p_H oberhalb 6, zweckmäßig zwischen 7 und 10 erteilt wird, wobei man Elektrolyt vor, während oder nach der Reinigung zusetzen kann und dann trocknet. Am besten trocknet man hierbei vor der Zugabe des Elektrolyten die ungereinigte Gallerte weitgehend, aber nur so weit vor, daß bei der Berührung mit Wasser kein Zerspringen der teilweise geschrumpften Gelstücke eintritt.

Bei ursprünglich saurer Gallerte benutzt man als Elektrolyten Ammoniak oder Natronlauge, bei ursprünglich alkalischer Gallerte flüchtige Säure o. dgl. (Salz-, Salpetersäure, Siliziumchlorid).

Weiterhin fanden Stöwener und A. Rößler (DRP. 527370 [I. G. Farbenindustrie A. G.]), daß sich Gele mit wertvollen Eigenschaften dadurch herstellen lassen, daß man der Kieselsäuregallerte vor Beendigung der Schrumpfung durch Zugabe eines Elektrolyten (am besten Ammoniak oder Natronlauge) ein p_H erteilt, das oberhalb 10 liegt.

Z. B. läßt man Natronwasserglas (550 l von der D 1,164) zu einem Gemisch von konzentrierter Schwefelsäure (51 kg), Eis (46 kg) und Wasser (50 l) zulaufen. Nach Erstarren des so erhaltenen Sols zerlegt man die homogene, klare und harte Gallerte mit Hilfe eines Drahtes in unter Umständen würfelförmige Stücke und wäscht diese. Hierbei verwendet man, zweckmäßig nach weitgehender Entfernung der Salze und überschüssigen Säure eine n/100 bis n/1 Ammoniaklösung oder n/1000 bis $^{1}/_{10}$ Natronlauge und führt den Waschprozeß am besten so lange durch, bis die Farbe der mit Alizaringelb R oder mit Tropäolin 0 versetzten Gallertstücke gerade nach der alkalischen Seite umschlägt und die Wasserstoffionenkonzentration ein p_H von etwa 11 bzw. 12 aufweist. Dann führt man die Gallerte durch Trocknen in ein weitporiges Gel über.

Weiterhin stellten die Genannten fest (DRP. 530730 [I. G. Farbenindustrie A.G.]), daß es vorteilhaft ist, wenn man die nach den Vorpatenten erhältliche mehr oder weniger geschrumpfte Masse erneut wäscht oder mit flüssigen oder gasförmigen Säuren, sauren oder säureabspaltenden Stoffen (Siliziumtetrachlorid, -fluorid) nötigenfalls in der Wärme behandelt, gegebenenfalls von neuem wäscht und trocknet.

Hierdurch vermeidet man, daß bei starkem Erhitzen der geschrumpften Masse infolge des zur Erreichung des zwischen 7 und 10 oder oberhalb 10 liegenden p_H nötigen Zusatzes von Ammoniak, Natronlauge o. dgl. die Masse sintert, was das Adsorptionsvermögen der letzteren verringern würde.

Gegebenenfalls unterwirft man die geschrumpften Massen, bevor sie mit Flüssigkeit in Berührung kommen, der Einwirkung von überhitztem Wasserdampf. Die zweite Trocknung nimmt man am besten bei erhöhter Temperatur im Drehofen unter Benutzung der Verbrennungsgase von Generatorgasen vor.

Die so erhältlichen Gele eignen sich besonders als Träger für Katalysatoren, als Elektrolytträger für Trockenelemente, als Aufsaugestoff für Azetylenbehälter und zu Adsorptionszwecken, sowie zweckmäßig nach Behandeln mit Natriumchlorid u. dgl. als Basenaustauscher.

Auf diese Weise wird die langwierige Reinigung der voluminösen, durch Umsetzung von Silikaten mit Säuren oder durch Hydrolyse gewisser Siliziumverbindungen oder auf andere Weise erhältlichen Gallerten vermieden, und trotzdem werden widerstandsfähige, harte Gele von gleicher und sogar besserer Adsorptionskraft erhalten.

Von weiteren Erfindungen Stöweners auf dem beregten Gebiete, die sämtlich Gegenstände von der I. G. Farbenindustrie A.G. gehörigen Patenten sind, geben die folgenden Ausführungen Kenntnis.

So fand der Genannte (DRP. 490246), daß man hochaktive, feinporige Kieselsäure hoher Adsorptionskraft auch bei relativ rascher Durchführung des Schrumpfungsprozesses bei Temperaturen oberhalb 120° C erhalten kann, wenn dafür gesorgt wird, daß in den Kieselsäuregallerten vor dem Trocknen möglichst wenig Wasser bzw. Mutterlauge vorhanden ist. In diesem Falle können Trockentemperaturen von 160° oder 200° oder darüber Verwendung finden. Sole mit 50 g Kieselsäure im Liter geben bei derartigem raschen Trocknen Produkte von hinreichend feinen Poren.

Eine Reinigung der Massen kann hierbei vor oder nach dem Trocknen erfolgen; auch kann die Gallerte erst vorgetrocknet, dann gereinigt und sodann zu Ende getrocknet werden.

Weiterhin (DRP. 536546) stellte sich heraus, daß wertvolle, insbesondere pulverige oder leicht pulverisierbare Gele erhalten werden, wenn man bei den vorhergehenden Verfahren an Stelle von Kieselsäuregallerte zweckmäßig unter Verwendung eines Säureüberschusses gefällte Kieselsäure als Ausgangsstoff wählt.

Die bis zum Jahre 1924 verwendeten Verfahren zur Herstellung von aktiver Kieselsäure hatten den Nachteil, daß das benutzte Sol verhältnismäßig wenig freie Kieselsäure enthielt, so daß der Kieselsäuregehalt der aus solchen Solen durch Erstarren erhaltenen Gallerten auf die Gesamtflüssigkeit bezogen nur 1—8,5 Vol.-% betrug.

F. Stöwener (DRP. 456406 [I. G. Farbenindustrie A. G.], A. P. 1748315) fand, daß sich weit wirtschaftlicher und unter Gewinnung von Solen hoher Aktivität arbeiten läßt, wenn man die Silikatlösungen bzw. festen Silikate oder andere zersetzliche Siliziumverbindungen (Siliziumtetrachlorid usw.) unter Konzentrationsverhältnissen in die Zersetzungsmittel einträgt, daß ein nicht alkalisch reagierendes Sol mit mindestens 9 g Kieselsäure auf je 100 ccm der vorhandenen Gesamtflüssigkeit erhalten wird. Es wird hierbei mindestens eine zur Neutralisation des Silikatalkalis hinreichende Menge des Zersetzungsmittels verwendet.

Die so hergestellten Kieselsäuresole liefern eine durch hohes Schüttgewicht, große Härte und Feinporigkeit ausgezeichnete Kieselsäure, die der aus niedrigprozentigen Kieselsäuresolen erhältlichen zumindesten gleichwertig ist.

Von Vorteil bei der Herstellung der Kieselsäuresole ist die Innehaltung tiefer Temperatur (Zimmertemperatur, besser noch 0° C).

Auch (DRP. 566081) schwach alkalisches Sol, aus dem beim Erstarren eine Gallerte entsteht, die in 100 ccm mindestens 8 g Kieselsäure enthält, läßt sich nach vorstehenden Verfahren auf wertvolle Produkte verarbeiten. Ferner kann man die Zersetzungsmittel dem kieselsäurehaltigen Ausgangsstoff zusetzen und wie üblich aktives Gel gewinnen.

Ferner arbeitete Stöwener das durch das DRP. 428041 (Hauptband S. 60/61) geschützte Verfahren, gemäß dem eine beliebig hergestellte Kieselsäuregallerte von der Flüssigkeit weitgehend befreit, mechanisch behandelt, allmählich getrocknet und in einem beliebigen Stadium nach dem Abpressen gewaschen wird, in folgender Weise aus (DRP. 466439 [I. G. Farbenindustrie A. G.]).

Danach soll die Kieselsäuregallerte vor dem Abpressen ausgewaschen, mechanisch behandelt und gegebenenfalls der nachfolgenden Trocknung eine Formung oder ein Pressen und Körnen vorausgeschickt werden.

Die mechanische Behandlung erfolgt in Kugel- oder Kekmühlen.

Zweckmäßig schickt man die Gallerte mit großer Geschwindigkeit, zweckmäßig unter Zuhilfenahme von Gasen oder Dämpfen durch ein oder mehrere Rohre von geringer lichter Weite.

Je nachdem die Wasserstoffionenkonzentration der Masse vor beendeter Schrumpfung größer oder kleiner als $p_H = 7$ ist, erhält man weit- oder engporige Produkte. Von diesen eignen sich die ersteren zur Fabrikation von Filterkörpern, Nutschen, Füllkörpern, insbesondere für die Raffination von Ölen, Kohlenwasserstoffen usw.

Hauptsächlich eignet sich das beschriebene Verfahren für den Fall, wo grobe, gereinigte Stücke nur mäßig konzentrierter Gallerte, wie solche z. B. bei Zersetzung von Schlacken mit Säuren oder bei der Hydrolyse von Siliziumtetrachlorid entstehen, durch Trocknen in körnige aktive Kieselsäure übergeführt werden und wo auch der feinstückige oder schlammige Gallertabfall auf große Körner verarbeitet werden soll.

Sodann stellte es sich heraus (DRP. 469653, F. P. 649794, F. Stöwener [I. G. Farbenindustrie A. G.]), daß man stark adsorbierende Kieselsäure vorteilhaft in einfacher Weise gewinnen kann, wenn man von einer auf dem Weg über ein homogenes Sol erhältlichen Kieselsäuregallerte ausgeht, diese ohne vorhergehendes Abpressen der Flüssigkeit mechanisch behandelt und evtl. der nachfolgenden eine Formung, gegebenenfalls unter Druck, vorangehen läßt. Zweckmäßig läßt man der mechanischen Behandlung ein Pressen und Körnen der Masse folgen.

Die Gallerte kann vor oder nach völliger oder teilweiser Trocknung gereinigt werden oder eine Reinigung des Sols z. B. durch Dialyse, Elektroosmose, Elektroultrafiltration erfolgen.

Je nachdem das p_H der noch ungeschrumpften Masse größer oder kleiner als 7 ist, erhält man weit- oder engporige Produkte. Je nach dem Grade der beim Mahlen erfolgenden Homogenisierung erhält man auch Produkte von geringem Schüttgewicht, die außer den engen oder weiten aktiven (ultramikroskopischen) Poren noch größere Hohlräume enthalten, denen eine Aktivität bei der Adsorption von Dämpfen aus an Dampf weitgehend gesättigten Gas-Dampfgemischen aber auch noch zukommt.

Auch dieses Verfahren ist besonders dort am Platze, wo grobe, gereinigte, hochkonzentrierte Gallertstücke durch Trocknen in körnige, aktive Kieselsäure übergeführt und wo auch feinstückige oder schlammige Gallertabfälle auf große Körner verarbeitet werden sollen.

Hier ist ferner der Erfindung Stöweners (DRP. 469470 [I. G. Farbenindustrie A. G.]) zu gedenken, die zur Gewinnung stark adsorbierender Kieselsäure führt. Das Verfahren besteht darin, auf beliebigem Wege hergestellte Kieselsäuregallerte zunächst bei mäßiger Temperatur (etwa 50° C) bis zum Entstehen einer festeren Masse vorzutrocknen, dann letztere zu waschen und schließlich allmählich (auf etwa 220° C) zu erhitzen.

Sehr engporige Produkte lassen sich gewinnen, wenn man die Gallerten oder gallertartigen Niederschläge nicht zu lange auswäscht, da bei Abwesenheit geringer Mengen Verunreinigungen, wie Säuren usw. verhältnismäßig weitporige Gele entstehen, die zwar zur Raffination von Flüssigkeiten, aber zur Adsorption von Gasen und Dämpfen meist nur dann geeignet sind, wenn der Partialdruck des zu adsorbierenden Gases oder Dampfes relativ hoch ist.

Engporige Produkte entstehen ferner, wenn man die Herstellung der Gallerten in Abwesenheit von freiem Alkali vornimmt, z. B. bei Verwendung von Wasserglas und Säure, letztere in solcher Menge verwendet, daß sie zur möglichst völligen Neutralisation des im Wasserglas enthaltenen Alkalis hinreicht. Dabei wird man zweckmäßig überschüssige Säure anwenden.

Eine körnige, zur Adsorption z. B. von Gasen und Dämpfen hervorragend geeignete aktive Kieselsäure läßt sich ferner (DRP. 527521) auf wirtschaftliche Weise herstellen, wenn man unter Umgehung der Bildung eines Sols (also auch einer Gallerte) Kieselsäure durch Fällung zur Abscheidung bringt und den von der Mutterlauge befreiten, schleimigen oder sandigen Niederschlag einem hohen Druck von 100 at und mehr aussetzt, sowie gegebenenfalls trocknet.

Nahezu regelmäßig geformtes Kieselsäuregel hoher Festigkeit und guten Adsorptionsvermögens läßt sich nach dem Verfahren des DRP. 544868 (F.P. 650800) dadurch herstellen, daß man über ein Sol mit mindestens 60, zweckmäßig zwischen 90 und 160 g Kieselsäure im Liter enthaltendes Sol eine Gallerte erzeugt, diese durch eine Presse formt und trocknet.

Dabei benutzt man zur Fabrikation engporiger Kieselsäuregele eine aus einem zweckmäßig homogenen, entweder leicht sauren, neutralen oder schwach alkalischen Sol erhältliche Gallerte, die während des Schrumpfprozesses eine unterhalb 6, am besten zwischen 2 und 4 liegende Wasserstoffionenkonzentration (p_H) besitzt.

Weitporige Kieselsäure gewinnt man dagegen aus einer über ein zweckmäßig leicht saures, neutrales oder schwach alkalisches Sol erhältlichen Gallerte, die während des Schrumpfprozesses eine oberhalb 7, zweckmäßig zwischen 7,2 und 9 liegende Wasserstoffionenkonzentration (p_H) besitzt.

Zu körnigen kieselsäurehaltigen Adsorptionsstoffen beliebiger Stärke gelangt man (DRP. 557337) dadurch, daß man inhomogene gallertartige Kieselsäure oder beliebig erzeugte Kieselsäureniederschläge während oder nach der Herstellung, gegebenenfalls unter Zusatz anderer, zweckmäßig kolloider Stoffe bei einem derartigen Flüssigkeitsgehalt mahlt, schlägt, knetet, stößt, schüttelt usw., daß eine homogene Paste entsteht, worauf man diese, gegebenenfalls nach einer Formung trocknet.

Vorteilhaft führt man obige mechanische Behandlung in feuchtem Zustande mit Gemischen von in verschiedener Weise erhaltenen inhomogenen Gallerten bzw. Niederschlägen aus, deren einzelne Komponenten vor dem Trocknen verschiedenes, zweckmäßig auf saurem oder alkalischem Gebiet liegendes p_H besitzen.

Der mechanischen Behandlung läßt man unter Umständen ein Pressen vorausgehen oder folgen, mit dem eine Formgebung verbunden sein kann.

Durch wenige starke Homogenisierung sowie durch Zufuhr von Luft- und Dampfblasen bzw. durch rascheres Trocknen erhält man dabei porzellanartige Produkte von geringerem Schüttgewicht, starke Homogenisierung erhöht das Schüttgewicht der Produkte und gibt ihnen glasartiges Aussehen.

Zur Herstellung der Kieselsäureniederschläge kann man Wasserglaslösungen, Natriumpermutit, Schlacken (Phosphorschlacken), Kaolin, Ton, Rohbleicherde, Phonolith, Kieselsinter mit Säure behandeln.

Engporige Gele von wertvollen Eigenschaften erhält Stöwener (DRP. 574721, E.P. 263199) ferner dadurch, daß er zielbewußt einer auf beliebige Weise, zweckmäßig auf dem auf dem Wege über das Sol erhältlichen Kieselsäuregallerte vor oder während der Trocknung, jedoch vor Beendigung der Schrumpfung durch Zugabe eines oder mehrerer Elektrolyte eine Wasserstoffionenkonzentration erteilt, die ein $p_H = 2 - 6$ besitzt. Man kann den Waschprozeß unter geeigneter Einstellung des Waschwassers so leiten, daß die Wasserstoffionenkonzentration der Gallerte innerhalb der genannten Grenzen zu liegen kommt.

Vorteilhaft befreit man die Gallerte weitgehend von den von der Herstellung her enthaltenen Salzen.

Zweckmäßig verwendet man eine Gallerte, die aus einem neutralen oder nahezu ventralen, gegebenenfalls schwach saurem Sol, das im Liter 50 g Kieselsäure enthält, gewonnen wurde.

Aus natürlichen oder künstlichen Zeolithen und Permutiten, Schlakken, Nephelin usw. stellt Stöwener (DRP. 550557 [I. G. Farbenindustrie A. G.]) dadurch in Massen von vorzüglicher Adsorptionskraft her, daß er sie mit Säuren zu Gallerten verarbeitet, wobei er die Solbildung vermeidet, das erhaltene Produkt gegebenenfalls nach völliger oder teilweiser Trocknung auswäscht und durch Erhitzen aktiviert.

Geformte oder körnige adsorptionsfähige Adsorptionsmassen gewinnt man nach dem DRP. 581303 (A. P. 1751955) in der Weise, daß man anorganische feinkörnige oder pulverige Adsorbentien, insbesondere aktive Kieselsäure mit einem kolloiden oder durch Fällung in fein verteilter Form erhältlichen Bindemittel, das selbst eine große Masse von hohem Adsorptionsvermögen zu bilden vermag (Abfallkieselsäuregallerte), Tonerde, Eisenoxyd u. dgl. in schleimiger gallertartiger Form), formt, die Formlinge trocknet und bzw. oder glüht. Hierbei war das

Bindemittel, sofern es noch nicht in poröser Form vorliegt, mit chemisch oder lösend wirkenden Stoffen in einen porösen oder ultraporösen Zustand übergeführt.

Kieselsäuregel wird nach dem Verfahren des DRP. 610683 der Vereinigte Aluminium-Werke A.G. bei der Behandlung von künstlichem Natrolith ($Al_2O_3 \cdot Na_2O \cdot 3\ SiO_2 \cdot 2\ H_2O$), wie solcher beim Eindampfen der aus einer mit Natriumkarbonat und tonerdehaltigen Stoffen, insbesondere Bauxit, erzeugten Schmelze erhaltenen vom Unlöslichen getrennten Aluminat-Lauge ausfällt, mit Mineralsäuren erhalten. Das Gel wird von der Salzlösung abfiltriert und in üblicher Weise auf ein Adsorptions- oder Reinigungsmittel weiter verarbeitet.

Kieselsäure in fester, körniger Beschaffenheit verwendet die Franz Herrmann, Maschinenfabrik, Kupfer- und Aluminiumschmiede, Apparatebau-Anstalt G. m. b. H. (DRP. 402508) zum Filtrieren von Flüssigkeiten, insbesondere von Kohlenwasserstoffen und fetten Ölen jeder Art, sowie von deren Lösungen.

Das Filtermaterial stellt sie dadurch her, daß sie Kieselsäuregallerte auf mindestens 91% Wassergehalt abpreßt, dem Preßgut die Form annähernd regelmäßiger Körper (Körner) gibt und dann diese trocknet.

Durch derartig hergestellte Körner lassen sich rohe, dunkle Mineralöldestillate zu hellen Raffinaten filtrieren.

Es hat sich gezeigt, daß Kieselsäure von höherem, als dem genannten Wassergehalt in Körnerform beim Trocknen zerfällt.

Zwecks kontinuierlicher Durchführung ihres Verfahrens zur Herstellung feinkörnigen Kieselsäuregels, bei dem man ein Gemisch von Kieselsäuregallerte mit kolloider Kieselsäurelösung verwendet (DRP. 432418, Hauptband S. 61), empfehlen K. Wolf und M. Praetorius (DRP. 478312), Wasserglas von verhältnismäßig hoher Konzentration und Säure (Schwefel-, Salz- oder Essigsäure) zusammen mit kolloider Kieselsäurelösung so aufeinander zur Einwirkung zu bringen, daß das festwerdende Gemisch gleichzeitig durch Walzen einer Pressung unterworfen wird.

Das Verfahren zur kontinuierlichen Herstellung von feinkörnigem Kieselsäuregel besteht somit darin, daß man die Reaktionskomponenten von hoher Konzentration derart einem Walzenstuhl zufließen läßt, daß die Säure innerhalb des Wasserglasstrahles zur Reaktion gelangt, hierauf das festwerdende Reaktionsgemisch durch Walzen preßt und den erhaltenen feinkörnigen Brei auswäscht und trocknet.

Es ist hiernach möglich, ein Reaktionsgemisch von hoher Konzentration, bestehend aus Wasserglas, Säure und kolloider Kieselsäurelösung, in einfacher Weise herzustellen, unter Vermeidung der bei Herstellung eines derartigen Gemisches auftretenden Schwierigkeiten, Bildung von Klumpen, die vom Rührwerk nicht genügend erfaßt werden, so daß die

Reaktion eine unvollkommene bleibt, Zerstäubung des Reaktionsgemisches in kleinste Teilchen bei starkem Rühren.

Für den Walzenstuhl verwendet man vorzugsweise zwei Paar aus einem Stoffe von genügender Resistenz, z. B. Porphyr, gearbeitete Walzen, von denen das untere Paar gegen das obere um einen Winkel, z. B. 90°, gedreht ist, wodurch eine bessere Durchmischung erreicht wird.

Die für die Reaktion benutzte Düse muß so gearbeitet sein, daß die Säure zwar innerhalb des Wasserglasstrahles, aber außerhalb des Hohlraumes der Düse zur Wirkung gelangt. Eine weitere Reaktionsbeschleunigung wird dadurch erzielt, daß man eine Düse benutzt, die ein gleichzeitiges Einblasen von Luft gestattet.

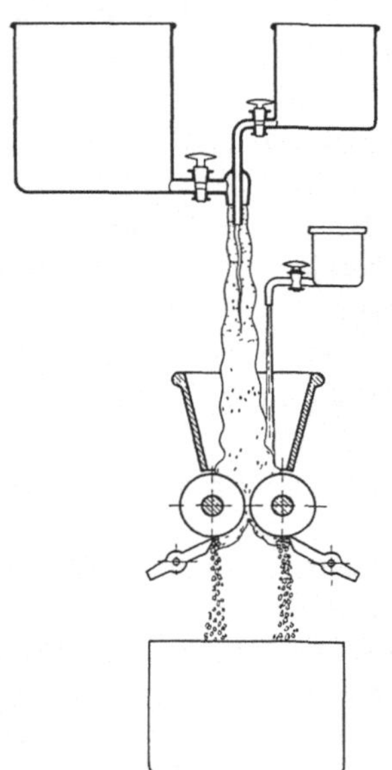

Abb. 1. Apparatur zur Durchführung des Verfahrens nach DRP. 478312. (K. Wolf und M. Praetorius.)

Durch einen verschiedenen Abstand der Walzen voneinander läßt sich die Teilchengröße des Endproduktes regeln. Die Erfindung eignet sich besonders für die Herstellung kleiner Körnungen von etwa 0,1—1 mm.

Das vorstehend beschriebene Verfahren läßt sich auch ohne besonderen Zusatz von kolloider Kieselsäurelösung durchführen, wenn man durch geeignete Wahl der Wasserglas- und Säurekonzentration von Fall zu Fall die Bedingungen schafft, unter denen neben Gel auch kolloidgelöste Kieselsäure in der für die Formbarkeit des Gels und dessen Adsorptionseigenschaften erforderlichen Mengen entsteht.

Abb. 1 veranschaulicht eine Apparatur zur Durchführung des beschriebenen Verfahrens.

Ferner ist der Silica Gel Corporation die Herstellung einer stark gorigen, adsorbierenden Menge in Deutschland geschützt worden (DRP. 482176, F.P. 507068 [W. A. Patrick]).

Dieses Verfahren besteht darin, daß bei etwa 35—80° C etwa gleiche Raumteile einer 10%igen Salzsäure oder einer dieser entsprechenden Wasserstoffionenkonzentration einer anderen Säure und eine Natriumsilikatlösung (D 1,1—1,3) unter starkem Rühren in ein Hydrosol übergeführt werden, das insbesondere bei der Dichte von etwa 1,185 und einer Azidität des Gemisches von etwa 0,5 N in etwa 3—5 Stunden zum Hydrogel erstarrt. Letzteres wird gewaschen in einem Luftstrom zunächst bei etwa 75—120° C im wesentlichen entwässert und hierauf durch Erhitzen auf 300—400° C oder im Vakuum oberhalb 75° C fertig getrocknet.

Das so erhaltene Produkt ist hart, durchscheinend und glasartig, besitzt sehr hohes auf Grund der Anwesenheit zahlreicher, ultramikroskopischer Poren beruhendes Adsorptionsvermögen und ist stark schütt- und druckfest, so daß es beim Gebrauch, besonders beim Durchleiten von Gasen und Flüssigkeiten nicht zerkrümelt oder verschlammt.

Sodann fand die Silica Gel Corporation (DRP. 535834, F.P. 641694, E. P. 280934), daß sich die Adsorptionsfähigkeit der Kieselsäuregele für Wasserdampf dadurch erhöhen läßt, daß man sie mit einem Entwässerungsmittel (konzentrierte Schwefelsäure, Metaphosphorsäure, entwässertes Kupfersulfat, Aluminiumsulfat u. dgl.) imprägniert.

Das fein poröse Gel kann in verschiedener Weise mit dem Entwässerungsmittel beladen werden.

So bringt man das warme, körnige Endgel bei über 150° C mit einer heißen Imprägniermittellösung, die etwa 65° C heiß ist, zusammen, läßt das Gemisch etwa 15 Min. oder länger stehen, entfernt die überschüssige Lösung aus dem Gel und trocknet letzteres bei etwa 200° C etwa 3 Stunden. Naturgemäß erfolgt die Trocknung des Gels bei niedriger Temperatur erst nach längerer Zeit. Die Trocknung und die Aktivierung, die bei 315—370° C in 3 Stunden durchgeführt wird, können gleichzeitig vorgenommen werden.

Auf diese Weise wird die Entwässerung des aufgenommenen Entwässerungsmittels und die Herabsetzung der Restfeuchtigkeit des Geles auf etwa 3—4% erreicht.

In diesem Zustande ist das Gel sehr adsorptionsfähig.

Weiterhin empfahl die Genannte (DRP. 534905, F.P. 650695, E.P. 287066) die Erzeugung harter, stark adsorbierender Gele von geringer, scheinbarer Dichte in folgender Weise.

Man erwärmt auf beliebigem Wege hergestelltes Kieselsäuregel in einer wasserdampfgesättigten Gas- oder Dampfatmosphäre (Luft), gegebenenfalls in Gegenwart von Wasser auf etwa 80—165° C je nachdem bei Druck oder ohne solchen gearbeitet wird. Hierbei wird der Wassergehalt des Hydrogels praktisch nicht verändert. Das Auswaschen des Gels erfolgt vor oder nach der Wärmebehandlung bzw. nach dem Trocknen und Aktivieren (durch starkes Erhitzen).

Vorteilhaft erhitzt man das Gel etwa 15 Min. bis 5 Stunden auf die Maximaltemperatur und kühlt es sodann in etwa 15 Min. bis 2 Stunden.

Auch leitet man einen mit Wasserdampf gesättigten Gas- oder Dampfstrom unter langsamer Temperatursteigerung und -abnahme über das Gel.

Man kann auch eine begrenzte Gas- oder Dampfmenge im Kreisstrom wiederholt über das Hydrogel leiten, bzw. mehrere Kreisströme anwenden, die auf konstanter Temperatur gehalten werden oder eine langsame Temperatursteigerung erfahren.

R. May und S. Münch (DRP. 477101 [I. G. Farbenindustrie A. G.]) stellten stark adsorbierende Kieselsäure in zwei Arbeitsstufen her.

Danach fällt man das Gel, indem man zu einer gegebenenfalls ziemlich konzentrierten Wasserglaslösung zunächst eine flüssige Säure (Salzsäure) unter Rühren so lange zugibt, wie Gel ausfällt. Alsdann wird das letztere, das noch alkalisch ist, in zerkleinertem Zustande, gegebenenfalls nach dem Einbringen in Wasser mit gasförmiger, schwefliger Säure oder Kohlensäure behandelt.

Diese beiden Stufen können auch in umgekehrter Reihenfolge durchgeführt werden. Auch können bereits in der ersten Stufe gleichzeitig flüssige und gasförmige Säure Verwendung finden und sodann wird das alkalische Gel noch der beschriebenen Nachbehandlung unterworfen.

Auf diese Weise werden die bei der bis dahin üblichen Arbeitsweise genau innezuhaltenden Arbeitsbedingungen vermieden.

Aus den bei der Tonerdefabrikation anfallenden Aluminium-Silikat-Verbindungen schlug J. Rolle (DRP. 530027 [Vereinigte Aluminiumwerke A. G.]) als Ausgangsstoffe für die Herstellung von Kieselsäuregel vor.

Dieses Verfahren hat den Vorteil, daß zur Reinigung des Gels etwa nur die Hälfte an Waschwasser, als bei Verwendung aus natürlichen Silikaten oder Schlacken erforderlich ist. Auch findet dadurch eine befriedigende Verwendung der genannten Abfallprodukte statt.

Schließlich fällt das Brechen und Mahlen der Silikate vor dem Säureaufschluß weg.

Künstliche Silikate, die Wasser lediglich in Form von Kristallwasser in einem festen stöchiometrischen Verhältnis enthalten (Natriummetasilikat mit 4, 5, 6, 7, 8, 9, 10 und 11 H_2O auf 1 Mol. Na_2SiO_3, kristallwasserhaltige Verbindungen der Di-, Tri-, allgemein der Polykieselsäuren) als Ausgangsstoffe für die Herstellung hochadsorbierender Kieselsäuregele empfahlen M. Buchner und W. Bachmann (DRP. 551943).

Diese Silikate sollen mit Säuren aller Art, auch mit Kohlensäure, Schwefeldioxyd oder anderen gasförmigen Säuren zersetzt werden.

Auch kann die Zersetzung der Silikate mit Hilfe von Rauchgasen durchgeführt werden.

Die Porosität der Kieselsäuregele kann durch Wahl eines verschiedenen, aber bestimmten Wassergehalts eines Silikats mit verschiedenem, aber bestimmtem Kieselsäuregehalt abgewandelt werden.

Einen für den Kautschuk beizumischenden farblosen Füllstoff in Form von Kieselsäuregel fabriziert J. Behre (DRP. 572266) dadurch, daß er Kieselsäure in Gegenwart von Schutzkolloiden (Gelatine, Gummiarabikum, Eiweißkörper oder deren Abbauprodukte) aus dem gelösten in den kolloiden Zustand überführt.

Die so entstehenden lyophilen Kieselsäuren weisen die gleichen, guten Eigenschaften gegenüber dem Kautschuk auf wie die durch Einleiten von Siliziumfluoridgas in schutzkolloidhaltiges Wasser erhaltene, aktive Kieselsäure.

Die Vulkanisate des mit derartigem Kieselsäuregel vermischten Kautschuks weisen die gleichen hohen Zerreißfestigkeiten auf und zeigen den gleichen Kurvenverlauf im Festigkeits- (Dehnungs-) Diagramm, wie Mischungen des Kautschuks mit dem gleichen Volumenprozentzusatz an Gasruß. Gegenüber letzterem hat die nach vorstehendem Verfahren erhältliche Kieselsäure den Vorzug, daß damit farblose Produkte erreicht werden können, die dann beliebig angefärbt werden können.

Die kolloiden Gele werden vom Schutzkolloid und Dispersionsmittel befreit und getrocknet.

Nach dem E. P. 255904 erhielt die I. G. Farbenindustrie A.G. Adsorptions- und Kontaktmassen, indem sie ein Kieselsäuresol oder -gel mit einer katalytischen Substanz (z. B. Kupfersulfat) unter inniger Mischung bzw. Zerteilung zusammenbrachte.

Schlacken oder natürliche oder künstliche Zeolithe oder ähnliche in Wasser unlösliche Stoffe behandelte die Genannte mit Säuren, ließ das Gemisch stehen, reinigte das erhaltene Gel durch Waschen, trocknete und erhitzte es (E. P. 266133).

Sofern die Kieselsäuregallerten in Plattenform gebracht sind, lassen sie sich ohne grießigen Abfall zu erhalten, in einfacher Weise auswaschen und trocknen. Um den Platten hierbei hinreichende Festigkeit zu verleihen, bringt man sie in mit Gitterwerk versehene Rahmen (I. G. Farbenindustrie A.G., Oe.P. 112964, F.P. 623911, E.P. 279941, A.P. 1696358 [W. J. Müller, H. Carstens und J. Drucker]).

Beim Trocknen zerfällt die Gallertplatte in Stücke, die der Lochweite des jeweils angewendeten Gitters entsprechen.

Durch Wahl einer geeigneten Lochweite lassen sich die gewünschten Korngrößen erhalten.

Behufs Durchführung des Verfahrens setzt man z. B. in einen Kasten von etwa rechteckigem Querschnitt, der gegebenenfalls mit einer Heizvorrichtung ausgestattet ist, abwechselnd Rahmen (mit Gitterwerk) und Platten von gleichem Querschnitt ein.

Die Hohlräume, die durch je einen Rahmen und zwei Platten gebildet werden, füllt man mit einer Flüssigkeit (Kieselsäuresol), die zu Gallerte erstarrt.

Ist die Erstarrung eingetreten, so zieht man die Zwischenplatten heraus und füllt den Kasten mit einer geeigneten Waschflüssigkeit (Wasser), die man so oft erneuern muß, bis die Gallerte den gewünschten Reinheitsgrad erreicht hat.

Man kann naturgemäß die Waschflüssigkeit dem Kasten stetig zuleiten und ebenso abfließen lassen.

Verwendet man hierbei mehrere derartige Kästen in Hintereinanderschaltung, dann kann die Waschflüssigkeit systematisch aus einem in den anderen Kasten geleitet werden.

Auch kann man die Gallerteplatten und die Füllrahmen abwechselnd in einer entsprechend umgeänderten Filterpresse anordnen und hierin das Waschen vornehmen.

Man kann ferner die Filterpresse lediglich zum Füllen der Gitterrahmen benutzen, das Waschen dagegen in Kasten ausführen.

Nach hinreichender Auswaschung werden die Rahmen dem Trocken prozeß zugeführt.

Bequem und einfach läßt sich nach dem F.P. 651151 (I. G. Farbenindustrie A.G.) besonders aktive Kieselsäure erzeugen, wenn man zu Lösungen von Alkalisilikaten in der Kälte leicht hydrolysierende Stoffe (Siliziumtetrachlorid usw.) hinzusetzt und nach evtl. Filtration des Gemisches (Sol), letzteres in Gallerte überführt und trocknet. Dabei kann eine gänzliche oder teilweise Reinigung der Gallerte in einer vorhergehenden Phase des Verfahrens oder in mehreren Stufen vorgenommen werden. Auch kann das Sol durch Dialyse usw. gereinigt werden.

Zweckmäßig stellt man mit Hilfe der hydrolysierbaren Substanz (Tetrachlorsilizium) ein, am besten saures Sol her und mischt dieses mit aus Wasserglas hergestellten, am besten alkalischem Sol.

Das bei der Zerkleinerung der großen Gelstücke entstehende Feingut benutzt die Silica Gel Corporation (F.P. 652269, E.P. 289269), um durch Mischen des letzteren mit Hydrogel (Kieselsäure), Rühren des entstehenden Gemisches bis zum Beginn des Festwerdens, und fast völliges Entwässern des festgewordenen Hydrols ein hartes und äußerst poröses Produkt zu erhalten.

Ferner stellt die genannte Firma (F.P. 652270, E.P. 303138) durch Waschen des Hydrogels mit erwärmtem (21—80° C) Wasser und Trocknen ein körniges Kieselsäuregel von der scheinbaren Dichte von etwa 0,52 bis 0,69 (am besten 0,60), und zwar nach dem Erhitzen auf 316° her.

Auch erhält sie pulveriges Gel von der scheinbaren Dichte 0,64 bis 0,909 (am besten 0,792) durch Erhitzen auf 538° C, sowie von 0,797 bis 1,24 (am besten 0,99) durch Erhitzen auf 871° C.

Katalytische Kieselsäuregele gewinnt die Silica Gel Corporation (F.P. 650257) nach dem folgenden Verfahren.

Mit Hilfe einer Säure, insbesondere Schwefelsäure, eines reduzierenden Gases (Kohlenoxyd, Schwefeldioxyd oder Schwefelwasserstoff), das wenigstens zwei Arten eines Atoms im Molekül enthält, wird ein Kieselsäuregel, das gesättigt mit einem Gase ist, hergestellt und dann mit einer Metallverbindung (Platinchlorid) behandelt.

Nach der folgenden Vorschrift der Silica Gel Corporation (F. P. 652022, E. P. 313242 und 314398, A.P. 1773273 [E. B. Miller]) sollen Kieselsäure- und andere Gele von größerer Reinheit, als sie die bis 1928 auf dem Markt befindlichen Produkte erhalten werden.

Danach behandelt man das Hydrogel mit Schwefelsäure von 60° Bé, nachdem man es vorher gewaschen hat und wiederholt diese Waschung am besten (beide Waschungen) mit heißem Wasser. Die erste Waschung wird vervollständigt durch Auswaschungen mit Säure erst wachsender, dann abnehmender Konzentration (45—60° Bé und 60—45° Bé).

A. P. Okatoff (F. P. 663277, E. P. 328241) will kolloide Kieselsäure in der Weise erzeugen, daß er Natriumsilikat mit Salzsäure in einer solchen Menge mischt, daß nicht mehr als 25% Säure nach der Neutralisation der letzteren in der Lösung vorhanden sind.

Die erhaltene Gallerte wird mit Wasser ausgewaschen und bei einem Gehalt von 40—90% Wasser getrocknet.

Nach Eintritt der Gallertbildung wird das Gel mit einer Ammoniaklösung oder Lösungen von sauren, polybasischen Metallsalzen (Eisenchlorid, Kalziumchlorid usw.) im Gemisch mit Ammoniak behandelt.

Zum Entwässern von Silicagel empfahl die I. G. Farbenindustrie A. G. (F. P. 670248 [W. Biltz]) flüssiges oder gasförmiges Ammoniak.

Weinsäure in verdünnter Alkohollösung dient der Produits Silgelac (F. P. 766346) zur Kieselsäurehydrosolbildung aus einer wäßrigen Kaliumsilikatlösung. Das Kali des Silikats geht dabei in Kaliumditartrat über, und das Hydrosol enthält dann nur salzige Verunreinigung.

Vor der Koagulation des Hydrosols wird Essigsäure zugesetzt, um Porenbildung im Gel hervorzurufen und es während der Entwässerung zu konservieren.

Zunächst wird das wasserhaltige Gel durch einen kreisenden Luftstrom, dann mit Luft von 90° C, hierauf mit der feucht gewordenen, aber auf 170° C erhitzten Luft und schließlich mit Luft von 450—500° C getrocknet und aktiviert.

Hier ist ferner des Verfahrens der P. Spence & Sons Ltd. (E. P. 299483 [T. J. I. Craig und A. Kirkham]) zu gedenken, gemäß welchem ein Kieselsäuregel erhalten wird, von dem 10 g etwa 100 cbm an Raum einnehmen.

Danach fällt man eine Alkalisilikatlösung mit Kohlendioxyd in Gegenwart von Alkalikarbonat oder -dikarbonat.

Auch empfahl die I. G. Farbenindustrie A. G. (E. P. 270040) bei der Herstellung aktiver Kieselsäure eine zersetzliche Siliziumverbindung (Wasserglaslösung) in die Zersetzungsflüssigkeit in solcher Menge einzuführen, daß ein nichtalkalisch reagierendes Sol, das wenigstens 9 g Kieselsäure in 100 ccm der Flüssigkeit enthält, entsteht, worauf das Sol zum Absitzenlassen gebracht und die erhaltene Gallerte gewaschen, getrocknet und erhitzt wird.

Später (E. P. 315675) mischte die Genannte die beiden aufeinander zur Reaktion zu bringenden Verbindungen innerhalb weniger Sekunden oder ließ sie unter solchen Bedingungen zusammenfließen, daß ein Sol obiger Eigenschaften entsteht.

Das aus diesem Sol erhältliche Gel zeigt eine hohe Dichte, ist sehr hart und außerordentlich feinporig.

Sodann nimmt die I. G. Farbenindustrie A.-G. (E. P. 271654, A. P. 1796766 [F. Stöwener]) die Kieselsäuregelherstellung in der Weise vor, daß sie die erhaltenen Gallerten auswäscht, ganz oder teilweise entwässert und nach nochmaligem Waschen trocknet. Hierdurch soll eine Abkürzung des sonst langwierigen Auswaschprozesses erreicht werden.

Hier ist ferner des Verfahrens der „Salvis“ Aktiengesellschaft für Nährmittel und Chemische Industrie (E. P. 391322) zu gedenken, nach dem aktive Kieselsäure oder Gemische solcher Gele mit Metalloxyden, -hydroxyden oder aktiver Kohle unter Zusatz loser Fasern, die Kapillaren an sich aufweisen oder beim Erhitzen solche bilden, in irgendeinem Stadium der Bildung und spätestens vor dem Trocknen der Gele in einer Menge von 0,1—15% der trockenen Kieselsäure zugesetzt werden. Dabei kann die Erhitzung dieses Produkts bis zum Verkohlen oder Verbrennen der Fasern (tierische Haare, Baumwolle, Kunstseide, Holzfaser o. dgl.) getrieben werden.

Zum Trocknen von Siliziumhydrogel benutzte A. S. Niro (Dän. P. 35921) einen warmen Luftstrom.

Zellulare Kieselsäure erzeugte H. L. Watson (A. P. 1669363 [General Electric Co.]) durch Imprägnieren von poröser Kieselsäure mit einem organischen Bindemittel und Schmelzen der Masse.

Hart, glasig, porös und durchscheinend oder durchsichtig ist das Kieselsäuregel, das zur Adsorption von Gasen aus Gasgemischen bestimmt ist und von M. Yablick (A. P. 1687919) erzeugt wurde.

Der Genannte ging in der Weise vor, daß er zunächst durch Einwirkenlassen von Ammoniumkarbonat auf eine Silikatlösung (Natriumsilikat) eine kolloide Kieselsäurelösung bildete:

$$Na_2SiO_3 + H_2O + (NH_4)_2CO_3 = H_4SiO_4 + 2\ NH_3 + Na_2CO_3.$$

Durch Stehenlassen wurde ein Absitzen von Kieselsäuregel in Gestalt einer steifen Gallerte bewertet:

$$H_4SiO_4 = SiO_2 \cdot 2\ H_2O.$$

Dieses Gel wurde durch Brechen zerkleinert und ausgewaschen.

Ein ebenfalls poröses Adsorptionsmaterial (Kieselsäuregel) stellten T. P. Hilditch und H. J. Wheaton (A. P. 1739305 [H. N. Holmes]) dadurch her, daß sie Kieselsäuregallerte fein zerteilten und mit Säure so lange kochten, bis das in Säure Lösliche gelöst ist, worauf die saure Lösung abgetrennt und das Gel mit Wasser gekocht wurde. Auf diese Weise wurden alle löslichen Salze aus dem Gel entfernt, worauf letzteres getrocknet wurde.

H. N. Holmes (A. P. 1762228) suchte stark adsorptionsfähige Kieselsäuregele in einfacher Weise zu fabrizieren. Zu diesem Zwecke behandelte er eine Silikatlösung mit einer Säure, sammelte das dabei erhältliche Gel und erhitzte letzteres auf etwa 80—150° C in Gegenwart von Wasser genügend lange, wusch es aus und trocknete es.

Die Herstellung von Kieselsäuregelen führte A. S. Behrman (A. P. 1755496 [General Zeolite Co.]) aus, indem er die Koagulation einer kolloiden Kieselsäurelösung in saurem Medium durch eine alkalische Lösung (Ammoniak) bewirkte.

Auch mischte er eine kolloide Kieselsäurelösung mit einem Metallsalz und fällte alsdann mit einem Alkalihydroxyd. Das Kieselsäure- und Metalloxyd enthaltende Produkt wurde getrocknet.

Hartes Kieselsäuregel von großer Porosität gewannen H. N. Holmes und J. A. Anderson (A. P. 1665264) dadurch, daß sie zwecks Bildung von hydratisierter Kieselsäure eine Lösung eines löslichen Silikats, die Lösung eines Metallsalzes, eines löslichen Salzes und eines unlöslichen Metalloxyds mischten und mit einer Säure und nachfolgendes Waschen aus dem erhältlichen Produkt das unlösliche Oxyd, das zuvor in ein lösliches Salz übergegangen war, entfernten. Hierdurch wird die Gesamtporosität des Endprodukts erhöht. Eine Schrumpfung des Produkts soll hierbei nicht eintreten.

Bei dem Verfahren des A. P. 1813174 (A. B. Lamb) wurde bei der Aktivierung von Silicagel die mit Ammoniak behandelte Masse im Vakuum erhitzt.

Ferner ließ A. S. Behrmann (A. P. 1819354 [General Zeolite Co.]) silicagelbildende Stoffe in solchen Mengen, Temperaturen und Konzentrationen miteinander reagieren, daß die Gesamtmenge dieser Stoffe durch die Gelbildung aufgebraucht wird.

Als Zusatz zu Gummimischungen geeignetes Silicagel erhielt J. W. Church (A. P. 1819356) durch Entwässern von kolloiden Lösungen von Silicagel, Zermahlen, Waschen und wiederholtem Entwässern der festen Masse.

An Stelle einer Natriumsilikatlösung benutzten P. W. Porter und R. E. Needham (A. P. 1872183) das Mineral Laumonite ($CaO \cdot Al_2O_3 \cdot 4\ SiO_2 \cdot 4\ H_2O$), d. h. eine feste Lösung von Metakieselsäure ($CaO \cdot Al_2O_3 \cdot 4\ H_2SiO_3$) zur Herstellung von kolloider Kieselsäure mit Salzsäure:

$$CaO \cdot Al_2O_3 \cdot 4\ H_2SiO_3 + 8\ HCl + 266\ H_2O = 4\ H_4SiO_4 + CaCl_2 \cdot 2\ H_2O + Al_2Cl_6 \cdot 12\ H_2O + 252\ H_2O.$$

Er führte das feingepulverte Mineral unter Rühren in die Säure (20^0 Bé), ließ das Gemisch absetzen, dekantierte die überstehende Flüssigkeit ab und ließ sie in flachen Schalen bis zur Erstarrung stehen. Die so erhaltene Gallerte wurde in Trockenräumen oder im direkten Sonnenlicht allmählich getrocknet.

Das Endprodukt ist hart, glasig, in körnigem Zustand durchscheinend und hochporös.

Zum Entfärben von organischen Flüssigkeiten geeignetes, weitporiges Kieselsäuregel erhielten H. Carstens und G. Kröner (A. P. 1878108 [I. G. Farbenindustrie A.G.]) dadurch, daß sie aus saurer

Lösung gefällte Kieselsäuregallerte mit einer alkalischen Lösung (Sodalösung) in solcher Menge behandelten, daß die mit dem Gel in Berührung befindliche Lösung ständig alkalisch bleibt, worauf das Gel gewaschen und entwässert wurde.

Weiterhin erhielt die I. G. Farbenindustrie A. G. (E. P. 271564) aktive Kieselsäure aus Kieselsäuregallerten, indem sie die wasserlöslichen Verunreinigungen zum Teil auswusch, das Gel trocknete, nochmals auswusch und nochmals trocknete.

Zum Entwässern von Kieselsäurehydrogel empfahl W. Biltz (A. P. 1813272 [I. G. Farbenindustrie A. G.]) flüssiges Ammoniak an Stelle der früher hierzu verwendeten flüchtigen Verbindungen Alkohol und Azeton.

Ausgeführt soll diese Entwässerung in folgender Weise werden.

Feuchtes Kieselsäurehydrogel wird in einem geschlossenen Gefäß mit Ammoniakgas in solcher Menge behandelt, die ausreicht das im Hydrogel enthaltene Wasser damit zu sättigen, worauf der erste Wasseranteil durch Absaugen aus dem Gefäß durch eine darin befindliche Filterplatte entfernt wird. Hierauf wird das Hydrogel mit flüssigem Ammoniak überdeckt, entweder indem man das Ammoniak in dem Gefäß selbst verflüssigt oder flüssiges Ammoniak in das Gefäß einführt. Darauf preßt man das Ammoniak von dem Hydrogel ab, zweckmäßig durch die Dämpfe des flüssigen Ammoniaks selbst, oder entfernt es durch Absaugen. Der restliche Anteil des Ammoniaks wird aus dem Hydrogel durch Verdampfung beim Trocknen entfernt.

Katalytisch wirksames Kieselsäuregel empfahl W. A. Patrick (A. P. 1695740 [Silica Gel Corp.]) aus meist nur teilweise entwässertem, harten porösen Kieselsäuregel, dessen Poren eine solche Größe aufweisen, daß es bei 30° C wenigstens 21% seines Gewichts Wasser aus Wasserdampf zu adsorbieren vermag, wenn es sich im Gleichgewicht mit Wasserdampf bei einem Partialdruck von 22 mm Quecksilber befindet, dadurch herzustellen, daß er es mit Ammoniumchlorplatinat imprägnierte und zwecks Erreichung eines innigen Gemisches von Gel und Platin (-Metall) erhitzte.

Weiterhin gelang Patrick (A. P. 1696644 [Silica Gel Corp.]), hartes, katalytisches Kieselsäuregel durch Einverleibung von Kupferverbindungen wie Kupferoxyd oder Nickelverbindungen, wie Nickeloxyd (A. P. 1696645) in kolloide Kieselsäure herzustellen. Diese Kontaktkörper sind bei 700° C beständig und weisen ultramikroskopische Poren auf.

Eine mehrere Gele enthaltende Adsorptions- und katalytische Masse gelang E. H. Barclay (A. P. 1864628) dadurch zu erzeugen, daß er eine Silikatlösung mit einer Wolframsalzlösung verrührte und sodann unter Weiterrühren eine Zinnsalzlösung hinzusetzte. Dabei mußten die Mengenverhältnisse, die Konzentrationen der Metallsalzlösungen und der Silikatlösung so gewählt werden, daß die Reaktionsmasse alkalisch ist.

Gemische von Hydrogelen der Kiesel-, der Wolfram-, der Titan-, Zinnsäure oder Mischungen dieser mit aktiver Kohle lassen sich nach S. T. Adair ([Silica Gel Corp.] A. P. 1867435) dadurch gewinnen, daß man Gele der genannten Art mit einer Substanz imprägniert, die in hochaktive Kohle übergeführt werden können (Kohlenhydrate), trocknet und glüht.

G. C. Conolly (A. P. 1868565 [Silica Gel Corp.] fabrizierte derartige Stoffe, daß er aktive Kohle (feiner als 300 Maschen im Korn) in ein anorganisches Gel (Kieselsäuregel) einlagerte und dann die Massen in harte, poröse Gele überführte.

Z. B. setzte er zu einer sauren Suspension aktiver Kohle eine Wasserglaslösung hinzu.

3. Eigenbericht aus der Technik des Kieselsäuregels.

Anlagen der Silica Gel Gesellschaft m. b. H., Berlin.

Die industrielle Anwendung von Kieselsäuregel liegt in Deutschland in den Händen der Silica Gel Gesellschaft, Berlin, die ein nach einem patentierten Verfahren hergestelltes Material unter dem Namen „Silica Gel" für die speziellen Gebiete der Luft- und Gastrocknung, sowie der Lösemittelrückgewinnung verwendet. Unter Verwertung eingehender und umfangreicher Vorstudien im Laboratorium sind diese Apparaturen den jeweiligen Verwendungszwecken genauestens angepaßt.

Für die Herstellung des industriellen Silicagel ist maßgebend die Erzielung eines hinreichenden Aufnahmevermögens, sowohl in quantitativer als qualitativer Hinsicht, sowie eine genügende Härte des Produktes, um trotz der chemischen, thermischen und mechanischen Beanspruchungen beim Adsorptions- und Regenerationsvorgang einen nennenswerten Verschleiß zu verhindern. Unter Berücksichtigung dieser für den Großbetrieb überaus wichtigen Gesichtspunkte wird die Herstellungsmethode für Silicagel derart geleitet, daß das Produkt etwa die Härte 5 besitzt und bei einer Oberfläche von etwa 450 m^2/g auch das Optimum in adsorptionstechnischer Hinsicht aufweist. Mit wenigen Ausnahmen wird dieses Standardgel in grobkörniger Form verwendet und in mindestens zwei Adsorptionsgefäßen abwechselnd der Adsorption bzw. Regeneration unterworfen. Es hat sich gezeigt, daß das Adsorptionsvermögen des Silicagel auch im angestrengtesten Dauerbetrieb nicht abnimmt; infolgedessen wird in den modernen Apparaturen der Silica Gel Gesellschaft mit einem verhältnismäßig kleinen Quantum Adsorptionsmaterial gearbeitet, das in raschem Wechsel be- und entladen wird. Hand in Hand hiermit ging die Automatisierung der Umsteuervorgänge, die nicht nur einen beliebig raschen Wechsel der Adsorptionsgefäße gestattet, sondern auch die Betriebsführung der Anlagen unabhängig von der Eignung und Aufmerksamkeit des Bedienungspersonals macht.

Gegenüber den Großanlagen aus der Frühzeit der industriellen Anwendung des Silicagels zeichnen sich die heutigen Bauausführungen auch noch dadurch aus, daß sie an die thermische Behandlung des Gels bei der Aktivation weit geringere Ansprüche stellen, so daß die Eingliederung einer Silicagelanlage in einen bestehenden Betrieb ohne irgendwelche Schwierigkeiten möglich ist.

Auf dem Gebiet der Luft- und Gastrocknung spricht zugunsten des Silicagelverfahrens besonders der Vorzug seines weiten Anwendungsbereiches, gegeben durch den außerordentlich hohen erzielbaren Trocknungsgrad, sowie die Einfachheit und Billigkeit des Verfahrens. Der Trocknungseffekt von Silicagel liegt zwischen den Werten, die sich mit konzentrierter Schwefelsäure und Phosphorpentoxyd erreichen lassen. Das Verfahren ist infolgedessen sowohl brauchbar für weitgehende Anforderungen als auch für mäßige Trocknung, da in diesem Fall durch Mischen stark getrockneter und ungetrockneter Luft mit größter Genauigkeit jeder beliebige Trocknungseffekt eingestellt werden kann.

Die Einfachheit und Wirtschaftlichkeit des Verfahrens ist gegeben durch die unmittelbare Wirkung und den rein physikalischen Charakter des Trocknungsvorganges: Im Gegensatz zu den bisher üblichen Verfahren der Trocknung durch Kompression bzw. Kühlung beschränkt sich der Energieaufwand beim Silicagelverfahren nur auf das tatsächlich erforderliche Minimum, ohne daß vor der Erzielung des eigentlichen Trocknungseffektes vorbereitende Verlustarbeit (Gaskühlung bzw. Kompression) geleistet werden muß. Auch die für die Regeneration erforderliche Energie in Form von Wärme von mäßigem Temperaturniveau ist billiger als die hochwertige Energieform des Stromes für den Antrieb von Kältemaschinen bzw. Kompressoren.

Gegenüber dem chemischen Verfahren hat das Silicagelverfahren den Vorzug, daß keinerlei chemische Umsetzungen stattfinden, und daß infolgedessen die Apparaturen für die Verwendung von Silicagel mit normalen Baustoffen ausgeführt werden können. In diesem Zusammenhang sei verwiesen auf die Veröffentlichung von F. B. Krull: „Das Trocknen des Gebläsewindes durch Silicagel“[1].

Die grundsätzliche Bauweise einer Silicagel-Gastrocknungsapparatur ist folgende:

Das zu trocknende Gas wird, falls erforderlich, mit Hilfe des vorhandenen Kühlwassers so weit als möglich vorgekühlt, wodurch nicht nur die für den Adsorptionsvorgang günstige niedrige Temperatur, sondern unter Umständen auch durch Wasserdampfkondensation eine Leistungsentlastung der Anlage erzielt wird. Die Größenbemessung der beiden

[1] Krull, F. B.: Ztschr. Ver. Dtsch. Ing. **70**, Nr. 27, S. 907 und 1956.

Adsorptionsgefäße ist bestimmt durch die erforderlichen Durchgangsquerschnitte und die für die Erzielung des Trocknungseffektes erforderliche Gelmenge, die für eine rechnungsmäßig ermittelte Beladezeit des Adsorbers bemessen ist. Das hohe Aufnahmevermögen des Gels für Wasserdampf, sowie die Möglichkeit, mit kurzen Umschaltzeiten zu arbeiten, führen zu verhältnismäßig niedrigen Schichtstärken der Gelfüllung. Infolgedessen ist der Strömungswiderstand, den die Apparatur dem zu trocknenden Gas bietet, und damit auch der Kraftbedarf gering. Die Aktivation wird durchgeführt bei Temperaturen von etwa 100—150° C, wobei im allgemeinen Luft als Wärmeträger vermittels eines besonderen Gebläses durch den zu aktivierenden Adsorber geleitet wird. In einfachster Weise kann zur Erwärmung der Luft ein Dampfkalorifer verwendet werden, jedoch können auch andere Wärmequellen hinzugezogen werden, sei es in Form von Kesselabgasen, die mit Hilfe eines Rauchgaslufterhitzers eine praktisch kostenlose Aktivation ermöglichen, sei es in Form von Leucht- bzw. Industriegas, dessen Verbrennungsprodukte, mit Luft verdünnt, unmittelbar durch das Gel geleitet werden. Spezialfälle, wie beispielsweise die Trocknung von Wasserstoff, erfahren naturgemäß eine entsprechend abgeänderte Behandlung.

Abb. 2. Apparatur zum Trocknen hochkomprimierter Luft mittels Silicagel (Silica Gel Gesellschaft m. b. H. in Berlin).

Im Anschluß an die vollzogene Aktivation wird die Gelfüllung einer kurzfristigen Kühlung unterzogen, wofür entweder ein geschlossener Kühlkreislauf vorgesehen oder aber das bereits getrocknete Gas verwendet wird. Diese allgemein skizzierte Bauweise wird entsprechend Druck und der Menge des zu trocknenden Gases modifiziert; kleine Einheiten werden für eine mehrstündige, oft mehrtägige Beladezeit entworfen und haben sinngemäß Handsteuerung. Größere Einheiten werden fast grundsätzlich mit der bereits erwähnten automatischen Steuerung ausgerüstet, die ihrerseits je nach der Konstanz der Betriebsverhältnisse in den Umschaltperioden zeitlich oder wirkungsmäßig betätigt wird.

Abb. 2 stellt eine kleine Apparatur dar, wie sie in zahlreichen Ausführungen für die Trocknung hochkomprimierter Gase, insbesondere für

Abb. 3. Großanlage für Gastrocknung mittels Silicagel (Silica Gel Gesellschaft m.b.H. in Berlin).

Abb. 4. Apparatur zur Trocknung von Belüftungsluft eines Düngesalzlagerschuppens mittels Silicagel (Silica Gel Gesellschaft m.b.H. in Berlin).

die Trocknung von Sauerstoff, der auf Flaschen gefüllt wird, Anwendung findet. Der hierbei erzielbare Trocknungseffekt ist außerordentlich hoch (näheres darüber siehe in Aufsatz von F. B. Krull, Berlin: „Die Intensivtrocknung von Flaschensauerstoff mit Silicagel")[1] und verhindert mit Sicherheit die außerordentlich gefährliche Korrosion im Innern der Transportflaschen.

Eine Großanlage für Gastrocknung ist auf Abb. 3 ersichtlich, in der stündlich etwa 20000 m³ Wasserstoff bei einem Druck von 1—2 atü bis auf einen Taupunkt von — 25° C getrocknet werden. Während die kleine Apparatur für mehrwöchentliche Beladezeit eingerichtet ist und demgemäß Handsteuerung hat, zeigt die Großanlage die typische automatische Steuerung auf hydraulischem Prinzip.

Abb. 4 ist ein Ausführungsbeispiel für „Luftkonditionierung". In der Apparatur wird atmosphärische Luft, die zur Belüftung eines Düngesalzlagerschuppens dient, bis auf einen Feuchtigkeitsgehalt von etwa 5 g/m³ gebracht. Die beiden Adsorber sind als rechteckige Kästen übereinander angeordnet und mit den Verteilungsleitungen und hydraulisch gesteuerten Ventilen zu einer einzigen Einheit zusammengefaßt. Eine ausgesprochene Kleinapparatur, ebenfalls für Luftkonditionierung, zeigt die Abb. 5. Die Anlage ist zur gelegentlichen Verwendung in verschiedenen Räumen als fahrbare Apparatur ausgebildet.

Abb. 5. Kleinapparatur zur Luftkonditionierung mittels Silicagel (Silica Gel Gesellschaft m.b.H. in Berlin).

Während bei Trocknungsanlagen der vom Silicagel aufgenommene Wasserdampf mit den Aktivationsgasen ins Freie geht, handelt es sich bei der Rückgewinnung von Lösemitteln aus Luftgemischen gerade um die Erfassung der vom Gel aufgenommenen und bei der Regeneration freiwerdenden Dämpfe. Infolgedessen wird bei der Aktivation das Gel zunächst mit mäßig überhitztem Dampf ausgeblasen und das freiwerdende Gemisch von Wasser und Lösemitteldampf in einem Kondensator niedergeschlagen, woran sich die Trocknung und Kühlung des Gels mit heißen Gasen anschließt.

Der prinzipielle Aufbau dieser Apparatur ähnelt infolgedessen dem der Trocknungsapparatur, wobei wiederum bei kleinen Einheiten Handsteuerung, bei mittleren und größeren Einheiten automatische Steuerung der Umschaltvorgänge üblich ist. Die automatische Steuerung unterscheidet sich jedoch insofern, als sie ihre Impulse wirkungsmäßig erhält:

[1] Krull, F. B.: Ztschr. kompr. flüss. Gase 30, Heft 1, 1933.

Das Abschalten eines beladenen und das Neueinschalten eines regenerierten Adsorbers geschieht über die Kontaktgabe eines Durchbruchmessers, der in der Austrittsleitung hinter dem Adsorber angeordnet ist und das Auftreten von Lösemittelspuren im gereinigten Gas und somit die vollzogene Sättigung der Gelfüllung anzeigt. Auf diese Weise ist es möglich, bei den vielfach Belastungsschwankungen unterworfenen Streich- und Tauchprozessen die Beladezeit der jeweiligen Belastung automatisch anzupassen. Die Regeneration, die mit der Hauptumschaltung einsetzt und im Sinne des Obengesagten stets nur am vollständig gesättigten Adsorber und somit mit einem gleichbleibenden Minimum an Betriebskosten durchgeführt wird, wird ebenfalls wirkungsmäßig reguliert: Die Ausdämpfperiode wird gesteuert durch einen Dampfmesser eigener Bauart mit Druckkompensation, der stets nur die unbedingt erforderliche Dampfmenge durchläßt und sodann die Dampfzufuhr automatisch absperrt. Diese Maßnahme ist besonders von Wichtigkeit, wo es sich um die Wiedergewinnung wasserlöslicher Lösemittel handelt, die einem nachfolgenden Rektifizierungsprozeß unterzogen werden müssen, wobei eine gleichbleibende Konzentration des Rohkondensates für den einwandfreien Betrieb der Rektifizierung von Wichtigkeit ist.

Entsprechend einer Dampfmenge von etwa 2 kg pro Kilogramm aufgenommenes Lösemittel hat das Rohkondensat einen Lösemittelgehalt von etwa 30—40%.

Mit der Beendigung der Ausdämpfperiode wird ebenfalls automatisch die Aktivation des ausgedämpften Gels eingeleitet, bei der, wie beim Trocknungsprozeß, nur vermittels heißer Luft das Gel getrocknet wird. Die erforderlichen Temperaturen von 100—150° C lassen sich dabei meistens in einem dampfbeheizten Kalorifer schon mit geringen Frischdampfspannungen erreichen. Die vollendete Trocknung des Gels äußert sich in einem deutlich erkennbaren Temperaturanstieg der Aktivationsabluft, so daß mit Hilfe eines Kontaktthermometers die unbedingt rechtzeitige Beendigung der Aktivationsperiode gewährleistet ist. Der hiermit verbundene Umsteuervorgang leitet die Kühlperiode ein, die bis zur Hauptumschaltung läuft und je nach den Verhältnissen mit Abluft oder im Kreislauf vorgenommen wird.

Eine sinnreiche Zusammenfassung der einzelnen Ventile zu Wechselventilen gestattet es, den ganzen Betrieb der Anlage mit 4 Steuerorganen durchzuführen, die keinerlei Wartung bedürfen. Die automatische Betätigung dieser Ventile geschieht zwangsläufig stets in der richtigen Reihenfolge und entlastet daher das Bedienungspersonal so weitgehend, daß selbst Anlagen ganz großer Leistung mühelos von dem für den Betrieb der Rektifizieranlage erforderlichen Arbeiter mit überwacht werden können. Unabhängig von dem wirkungsmäßigen Impuls kann außerdem jeder Steuerungsvorgang durch Druckknopfbetätigung eingeleitet werden.

Im Verein mit der durch die automatische Steuerung gegebenen unbedingten Betriebssicherheit ist das Silicagelverfahren für Lösemittelrückgewinnung besonders geeignet auf Grund seiner vollständigen Feuersicherheit.

Die außerordentlich hohe Adsorptionskraft von Silicagel gestattet seine Anwendung auch für sehr stark verdünnte Lösemittel-Luftgemische,

Abb. 6. Rückgewinnungsanlage für Alkohol und Essigäther in der Kunstlederindustrie mittels Silicagel (Silica Gel Gesellschaft m. b. H. in Berlin).

so daß stets eine Verdünnung weit unterhalb der unteren Explosionsgrenze gewählt werden kann. Da weiterhin Silicagel vollständig unbrennbar ist, sind die bei anderen Adsorptionsmitteln vielfach beobachteten Selbstentzündungen vollständig ausgeschlossen, so daß hinsichtlich Betriebssicherheit die weitestgehenden Anforderungen erfüllt werden können.

Die technische Anwendbarkeit des Verfahrens hat sich als außerordentlich groß erwiesen:

Das Adsorptionsvermögen von Silicagel ist für alle bekannten Lösemittel außerordentlich gut, gleichviel ob es sich um schwach- oder hochkonzentrierte Gemische handelt. Ein besonderer Vorteil liegt in der hohen thermischen und mechanischen Widerstandsfähigkeit des Materials, die auch seine Verwendung für die Wiedergewinnung von Lösemittel-

Abb. 7. Apparatur zur Wiedergewinnung von Benzin durch Silicagel der Silica Gel Gesellschaft m.b.H.

Abb. 8. Werkstattaufnahme eines Adsorberaggregats zur Wiedergewinnung von Lacklösemitteln der Silica Gel Gesellschaft m.b.H.

gemischen mit hochsiedenden Bestandteilen ermöglicht (beispielsweise bei der Hartpapierfabrikation) und die eine praktisch unbegrenzte Haltbarkeit und Wirksamkeit der einmaligen Gelfüllung zur Folge hat.

Die mit dem Verfahren erzielbaren Ausbeuten liegen bei etwa 95%; die Betriebsmittelaufwendungen für Strom, Dampf- und Kühlwasser sind derartig niedrig, daß eine gute Gesamtwirtschaftlichkeit unbedingt gewährleistet ist.

Als ein besonderer Vorteil ist in vielen Fällen der Umstand zu werten, daß die gereinigte Abluft nicht nur von Lösemitteln befreit wird, sondern auch gleichmäßig getrocknet zur Verfügung steht. In diesen Fällen

Abb. 9. Spirituswiedergewinnungsanlage für die Hartpapierindustrie (Silica Gel Gesellschaft m. b. H. in Berlin).

wird das Silicagelverfahren angeordnet in einem mehr oder weniger vollständig geschlossenen Lüftungskreislauf, in dem die Abluft zu den Verdampfungsstellen zurückgeführt wird. Abgesehen von den Wärmeersparnissen, die sich hierbei ergeben, ist besonders die unbedingte Konstanz des Feuchtigkeitsgehaltes wertvoll, ein Begriff, der allen Streich- und Tauchbetrieben geläufig ist.

Abb. 6 zeigt ein Ausführungsbeispiel für die Anwendung des Verfahrens in der Kunstlederindustrie zur Rückgewinnung von Alkohol und Essigäther, Abb. 7 eine Apparatur zur Wiedergewinnung von Benzin und Abb. 8 die Werkstattaufnahme eines Adsorberaggregates zur Wiedergewinnung von Docklösemitteln. Die Abbildungen lassen die kompakte Bauweise der Apparaturen klar erkennen: Der kastenförmige Teil enthält die Verteilungsrohrleitungen mit Steuerorganen, deren hydraulische Arbeitszylinder oben ersichtlich sind; die beiden rechteckigen Adsorptionskammern liegen dahinter.

Neben diesen Standardausführungen werden für besondere Fälle der Wiedergewinnung Spezialausführungen gebaut: Abb. 9 zeigt eine Spirituswiedergewinnungsanlage für die Hartpapierindustrie, wobei auf die Anwesenheit von Kresol Rücksicht genommen werden muß. Abb. 10 zeigt die Bauweise für kleine Leistungen.

Die Anlagen für Luft- und Gastrocknung sowie Lösemittelrückgewinnung unterliegen einer mäßigen Benutzungsgebühr. Die praktischen

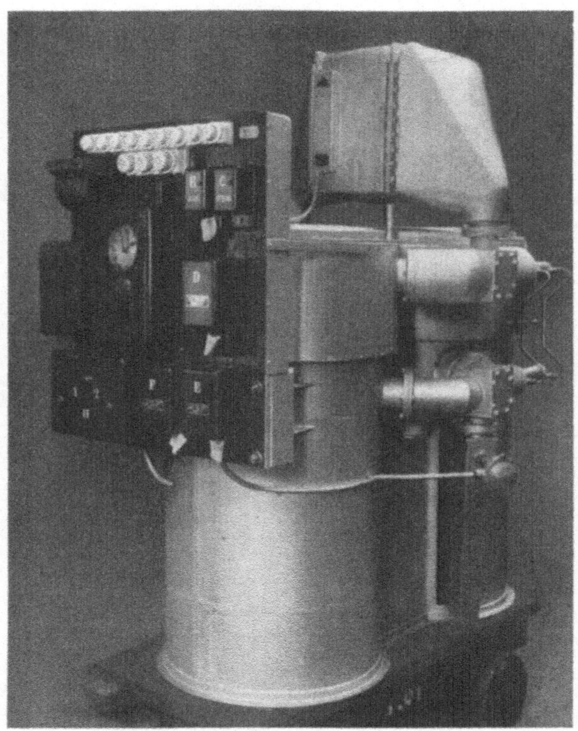

Abb. 10. Kleinanlage für die Spirituswiedergewinnung mittels Silicagel in der Hartpapierindustrie (Silica Gel Gesellschaft m. b. H. in Berlin)

Erfahrungen sind, wie bereits erwähnt, außerordentlich günstig und bestätigen vor allem die praktisch unbegrenzte Haltbarkeit des Adsorptionsmaterials, das bei richtiger Betriebsführung weder mengenmäßig, noch wirkungsmäßig irgendwelche Minderungen zeigt.

Die frühere Anwendung von Silicagel in Staubform ist für besonders gelagerte Zwecke beibehalten worden, allerdings unter ganz wesentlicher Vereinfachung der Apparatur und Betriebsführung.

Die Anwendung von Silicagel als Kontaktträger im Rahmen der Schwefelsäureherstellung hat besonders in Frankreich weitgehende, technische Ausbildung erfahren. Auf dem Gebiet der Raffination von

Kohlenwasserstoffen zeigen die Bauausführungen in den Vereinigten Staaten günstige vielversprechende Resultate, bedingt durch die schonende Behandlung des Rohöls unter Erhaltung der wertvollen ungesättigten Kohlenwasserstoffe.

4. Die Verwendung des Kieselsäuregels.

a) Die Verwendung des Kieselsäuregels zur Adsorption von Gasen und Dämpfen.

Mit einem Farbreagens angefeuchtetes, gekörntes Silicagel benutzte E. A. J. H. Nicolas[1] zur Entfernung von gasförmigen Verunreinigungen aus Luft und technischen Gasen.

Ferner reinigten G. S. J. Perrott und M. Yablick [A.P. 1787875 (Mine Safety Appliances Company)] ammoniakhaltige Luft, indem sie letztere durch eine trockene, feste Masse von Silicagel hindurchströmen ließen.

Zur Chlorabscheidung aus Gasen unterwarfen J. A. Guyer und M. C. Taylor (A.P. 1617305) die Gase der Einwirkung von Silicagel bei 0—10° C.

Zwecks Entfernung von Stickoxyden aus Gasgemischen verwenden J. A. Almquist, V. L. Gaddy und J. M. Braham[2] Silicagel.

Bei der Abscheidung der Stickoxyde aus oxydiertem Ammoniakgas verwendete N. W. Krase[3] Silicagel zur Adsorption der Stickoxyde.

Dämpfe des siedenden Gemisches von Äthylalkohol und Wasser wurden durch Hindurchleiten durch Kieselsäuregel von H. M. Davis und L. E. Swearingen[4] getrennt und auf diese Weise 99%iger Alkohol in einer Ausbeute von etwa 200% erhalten.

Kieselsäuregel eignet sich zur analytischen Erfassung kleiner Dampfmengen aus Atemluft besser als aktive Kohle[5].

G. Kuhn[6] berichtete über die Methodik der Kondensationsanalyse und deren Erweiterung durch Adsorption an Kieselsäuregel bei tiefen Temperaturen.

Die Adsorption einer ganzen Anzahl von Dämpfen organischer Stoffe durch Kieselsäuregel ist von J. Traube und S. Birnwitsch[7] untersucht worden.

---

[1] Nicolas, E. A. J. H.: Chem. Weekbl. **27**, S. 103—104, 1930.

[2] Almquist, J. A., V. L. Gaddy u. J. M. Braham: Ind. and engin. chem. **17**, S. 599—603, 1925.

[3] Kruse, N. W.: Chem. metallurg. Engin. **33**, S. 674—679, 1926.

[4] Davis, H. M. u. L. E. Swearingen: Journ. physical Chem. **35**, S. 1308 bis 1313, 1931.

[5] Ponndorf, W. u. H. W. Knipping: Beitr. Klin. Tbk. **68**, S. 751—806, 1928.

[6] Kuhn, G.: Ztschr. angew. Chem. 1931, S. 757.

[7] Traube, J. u. S. Birnwitsch: Kolloid-Ztschr. **44**, S. 233—239.

Nach dem F.P. 667091 (I. G. Farbenindustrie A.G.) gewinnt man ungesättigte Kohlenwasserstoffe (Azetylen) mittels Kieselsäuregel aus zuvor erhitzten Gasgemischen.

Auf Grund ihrer Versuche empfahlen H. N. Holmes und A. L. Elder[1] für die Adsorption von Dampf in seiner Hauptmenge kreidige, für die letzten Dampfspuren glasige Silicagele.

Zum Entfernen von Feuchtigkeit und sauren Dämpfen verwendete P. O. Rockwell (A.P. 1789194) u. a. mit Hexamethylentetramin imprägnierte alkalische Gele.

Eine Betriebsanlage zum Trocknen der Gebläseluft für Hochöfen mittels Kieselsäuregel beschrieb E. Maurer[2].

Eine Anlage zum Trocknen des Hochofengebläsewindes mittels Silicagels der Wishaw-Werke der Glasgow Iron and Steel Co. Ltd. hat ferner E. H. Lewis[3] beschrieben.

Weiterhin trocknete man Gase verschiedener Art durch Kieselsäuregel[4].

Der an den Niagarafällen durch Elektrolyse erzeugte Wasserstoff wurde vor seiner Zuführung zur Ammoniakbildung, durch Silicagel von der Feuchtigkeit befreit[5].

Silicagel ist zum Schutze von Stoffen vor Feuchtigkeit verwendet worden. Bei der Herstellung von Verschlußblechkapseln für Mineralwasserflaschen trocknete die Crow Cork and Seal Co.[6] das Korkmehl für die Auflage in den Blechkapseln mit Hilfe von Silicagel.

Zur Lufttrocknung in Papierlagerräumen ist nach F. B. Krull[7] Silicagel geeignet.

Auch hält eine Fabrik für die Herstellung von Millimeterpapieren ihre Arbeitsräume auf gleichem Feuchtigkeitsgehalt durch Silicagel[8].

Nach F. Ohl[9] kommt Silicagel als Adsorbens in der Kunstseidenindustrie in Betracht.

Entgegen der Ansicht Antenays erzielt man nach Resartor[10] bei der Wiedergewinnung flüchtiger Lösungsmittel durch Kondensation bei Kieselsäuregel und Bleicherden Ausbeuten von 60—90%.

Als Kompressionsmittel in Kühleinrichtungen hat sich nach J. Cassiday[11] Kieselsäuregel als geeignet erwiesen.

---

[1] Holmes, H. N. u. A. L. Elder: Journ. physical Chem. **35**, S. 82—92, 1931.
[2] Maurer, E.: Journ. Soc. chem. Ind. **46**, S. 902—904, 1927.
[3] Lewis, E. H.: Chem. Trade Journ. **81**, S. 315—316.
[4] Wolf u. Praetorius: Metallbörse **20**, S. 2357.
[5] Wolf u. Praetorius: Metallbörse **20**, S. 2357.
[6] Wolf u. Praetorius: Metallbörse **20**, S. 2357.
[7] Krull, F. B.: Zellstoff u. Papier **10**, S. 875—876, 1930.
[8] Wolf u. Praetorius: Metallbörse **20**, S. 2357.
[9] Ohl, F.: Kunstseide **12**, S. 239—241, 1930.
[10] Resartor: Ind. chimique **15**, S. 238—239.
[11] Cassiday, J.: Power **69**, S. 49—50, 1929.

Bei der Kälteerzeugung hat man Silicagel zum Adsorbieren des Kühlmittels (Schwefeldioxyd) im Verdampfer benutzt[1].

b) Die Verwendung des Kieselsäuregels zum Reinigen von Ölen, Fetten usw.

H. Carstens, G. Kröner und W. J. Müller (DRP. 439268 [I. G. Farbenindustrie A. G.]) empfahlen zwecks besserer Adsorption der Verunreinigungen, als durch saure Fällungsprodukte, Kieselsäuregel zum Reinigen organischer Flüssigkeiten (Öle, Fette usw.) zu verwenden, das durch so viel Säure gefällt ist, daß das Gel noch alkalisch reagiert.

Zur Verbesserung von Mineralölen und Teerprodukten behandelte F. Evers (DRP. 481266 [Siemens & Halske A. G.]) diese Stoffe mit Ozon in Gegenwart von Silicagel o. dgl.

Die I. G. Farbenindustrie A. G. (DRP. 579297 [A. Richter]) reinigte flüssige Kohlenwasserstoffe unter Anwendung von Natrium- oder Kaliumbisulfat in Gegenwart von Kieselsäuregel bei unter 80° C.

A. Thau[2] hat die Verwendung von Kieselsäuregel bei der Benzolreinigung und -gewinnung besprochen.

Die Destillation von Rohmontanwachs soll nach dem DRP. 505927 (I. G. Farbenindustrie A. G.) mit Kieselsäuregel, Bleicherde oder dgl. unter Durch- oder Überleisten der Dämpfe durch bzw. über die genannten Adsorptionsstoffe durchgeführt werden.

Mit Schwefelsäure getränktes Silicagel (Sulfosil) behandelten B. Tytschinin und W. Tokmanow[3] Erdöle u. dgl.

Silicagel vermag aus Kerosinlösung Diphenylsulfid, Dibenzylsulfid und Benzylmerkaptan, sowie Thiophen in erheblichem Maße durch Adsorption auszuscheiden, kolloidal und molekular im Kerosin gelöster Schwefel wird dagegen nicht adsorbiert[4].

B. Saladini[5] entfernte mittels Silicagel 20—25% der in Schieferöl enthaltenen Schwefelverbindungen.

C. Geddes[6] untersuchte die Reinigung von Motorenbenzol mittels Silacagel.

Gasolin reinigten W. M. Knowling und M. M. Kostevitch (E. P. 308604) durch Glaucosil in der Kälte und filtrierten es durch Silicagel, das gegebenenfalls einen Überzug von Kupfer, Nickel oder Platin erhalten hat.

---

[1] Bodewig, J.: Ztschr. Eis- u. Kälte-Ind. **23**, S. 13—15, 1930.

[2] Thau, A.: Glückauf **62**, S. 1049—1056.

[3] Tytschinin, B. u. W. Tokmanow: Erdöle u. dgl. Petroleum- u. Ölschieferind. **12**, S. 414—415.

[4] Waterman, H. J. u. M. J. van Tussenbroek: Brennstoff-Chem. **9**, S. 397 bis 398, 1928.

[5] Saladini, B.: Industria chimica **5**, S. 1482—1487, 1930.

[6] Geddes, C.: Gas World **94**, S. 17—20, 1931.

Silicagel bzw. Fullererde benutzten S. F. Birch und W. S. Norris[1] zur Raffination leichter Erdöldestillate.

Zwecks Bestimmung von Ceresin in Ozokerit und Paraffingoudronen verwendete W. Tokmanow Sulfosil (mit Schwefelsäure getränktes Kieselsäuregel[2]).

Kieselsäuregel in mit Salzsäure gesättigtem Zustande verwendete W. Twerzyn[3] zur Entfernung des Asphaltgehaltanteils des Paraffingoudrons.

c) Die Verwendung des Kieselsäuregels als Katalysator.

Phenole erhält man durch Überleiten von Halogensubstitutionsprodukten aromatischer Kohlenwasserstoffe (Chlorbenzol, Chlortoluol) über aktiviertes Kieselsäuregel, dem gegebenenfalls Metalle, deren Oxyde oder Nitrate zugesetzt sind, bei 400° C (I. G. Farbenindustrie A.G. E.P. 288308 und 308220).

A. M. Kennedy und S. J. Lloyd (A.P. 1735327 [Federal Phosphorus Co.]) stellten Phenol durch Hindurchleiten von Benzol-Wasserdampfgemischen durch einen Kieselsäuregel enthaltenden, erhitzten Katalysator bei 700° C her.

Nitrile lassen sich aus Säuren (Essigsäure) und Ammoniak mit Kieselsäuregel als Katalysator bei 500—525° C erzeugen[4].

Kohlenwasserstofföle brachte W. C. Leamon (F.P. 651015) in Dampform nach Erhitzung auf 530—550° C in eine Kammer, die mit Silicagel gefüllt war.

Das Oxydieren von Schwefelwasserstoff in Gasen hat die I. G. Farbenindustrie A.G. (E. P. 282508) in Gegenwart von Silicagel durchgeführt.

Durch Überleiten aromatischer Halogenverbindungen mit Wasserdampf über erhitztes Silicagel erhielt die I. G. Farbenindustrie A.G. (Belg. P. 350287) Phenole.

Über Silicagel als Katalysatormasse hat G. Genin[5] geschrieben.

d) Die Verwendung des Kieselsäuregels in der Pharmazie und Medizin u. dgl.

Adsorgan ist von der Chemischen Fabrik von Heyden A.G. hergestelltes Silberchlorid-Kieselsäuregel[6].

Zum Reinigen (Schweißaufsaugen) der Haut empfahl A. L. Davis (A.P. 1629096) Kieselsäuregel, gegebenenfalls im Gemisch mit Talkum.

---

[1] Birch, S. F. u. W. S. Norris: Oil Gas Journ. **28**, Nr. 8, S. 46, 162—168.
[2] Tokmanow, W.: Petroleum- u. Ölschieferind. **12**, S. 558—561.
[3] Twerzyn, W.: Petroleum- u. Ölschieferind. **11**, S. 732—737, 1926.
[4] Mitchell, J. A. u. E. E. Reid: Journ. Amer. chem. Soc. **53**, S. 321—330, 1931.
[5] Genin, G.: Chem. News **141**, S. 324—325, 1930.
[6] Heyden: Fortschrittsber. d. Chem.-Ztg. 1928, S. 18.

e) Die Verwendung des Kieselsäuregels für verschiedene sonstige Zwecke.

Die Gas Accumulator Co. (E.P. 234462 [Autogen Gasaccumulator A.G.]) benutzte Silicagel für sich allein oder ein Gemisch mit anderen Stoffen zum Aufspeichern von Azetylen in Gasflaschen.

Das Schmiermittel nach dem DRP. 451055 (G. Münch [I.G. Farbenindustrie A.G.]) besteht aus Kieselsäuregel, dem auf dem Verdrängungswege für Schmierungen und Ölungen verwendbare Stoffe, gegebenenfalls in Mischung mit weiteren Mengen des gleichen oder eines anderen Stoffes dieser Art mit oder ohne Zusatz von Verdünnungs- und Streckmitteln einverleibt sind.

Mit besonders behandeltem Kieselsäuregel lassen sich aus Salizylsäure und β-Naphthol Methylsalizylat und Methyl-β-naphthyläther gewinnen[1].

Aus getrockneten, sauerstoffhaltigen Gasen (Luft) erzeugte die Siemens & Halske A.G. (Ö.P. 126712) durch stille elektrische Entladungen (Hochfrequenzentladungen) Ozon, wobei sie die Gase vor der Zuführung in den Ozonisator durch Kieselsäuregel leitete.

Kieselsäuregel ist in Verbindung mit anderen Adsorptionsstoffen als Stabilisator für leicht zersetzliche organische Nitroverbindungen (Nitrosprengstoffe) verwendet worden (A.P. 1596622, Silica Gel Corp. [W. A. Patrick]).

Zur Trennung von (binären) Flüssigkeitsgemischen mit Hilfe von Kieselsäuregel haben H. G. Grimm und H. Wolff[2] als einfachste und wirkungsvollste die Tropfmethode, bei der das Flüssigkeitsgemisch langsam durch eine Schicht des Gels bestimmter Korngröße durchtropfen gelassen wird, angegeben.

Dabei hat sich engporiges Gel als am geeignetsten erwiesen: Außer der Tropf- ist noch auf die Destillations- und Dampftrennungsmethode hingewiesen worden (vgl. hierzu auch die Arbeit von Grimm, W. Raudenbusch und Wolff)[3].

Bei der Hochvakuumdestillation mit Hilfe flüssiger Luft hat sich Silicagel der Erzröst-Ges. m. b. H. als Adsorptionsmittel als geeignet erwiesen[4].

Chemische Stoffe, insbesondere Sauerstoff abgebende Perborate, -karbonate, -sulfate, -phosphate usw. reinigte die Henkel & Cie., G. m. b. H. (F.P. 637393) von zersetzenden Verunreinigungen durch Silicagelpulver.

---

[1] Chelberg, R. u. G. B. Heisig: Journ. Amer. Chem. Soc. **52**, S. 3023, 1930.
[2] Grimm, H. G. u. H. Wolff: Ztschr. angew. Chem. **41**, S. 98—105, 1928.
[3] Grimm, W. Raudenbusch u. Wolff: Ztschr. angew. Chem. **41**, S. 105 bis 107, 1928.
[4] Anschütz, L.: Ber. Dtsch. chem. Ges. **59**, S. 1791—1794.

Phosphor und Phosphorverbindungen entfernte W. Reichenburg (DRP. 464351) durch Überleisten über Kieselsäuregel aus Gasen.

Zur Abscheidung des Kryptons und Xenons aus technischem flüssigem Sauerstoff benutzte A. Lepape[1] Silicagel.

Die bei der elektrolytischen Herstellung von Perborat verwendeten Elektrolytlösungen (DRP. 431075) regenerierte die Henkel & Cie., G. m. b. H. (DRP. 451344) durch Aufkochen der Lösungen mit Silicagel unter Überdruck und Aufwirbelung des Gels in den siedenden Lösungen.

Es stellte sich heraus, daß in Kieselsäuregel aufgespeichertes Chlor beliebig lange nahezu verlustlos aufbewahrt werden kann. Auf dieser Erkenntnis beruht das Wasch-, Bleich- und Desinfektionsmittel der C. F. Boehringer & Soehne, G. m. b. H. (DRP. 476180 [R. Müller und E. Rabald]). Das in dem Gel aufgespeicherte Chlor wird dem Gel durch alkalische Flüssigkeiten bei gewöhnlicher Temperatur augenblicklich entzogen.

Bei der Gewinnung von Kohlenwasserstoffen, Äthern, Ketonen, Äthylenchlorhydraten usw. mit Hilfe von Kieselsäuregel als Adsorbens wurden die genannten flüchtigen Stoffe aus dem Gel nach der Adsorption durch Kohlendioxyd nach dem F. P. 651716 (Verein für Chemische Industrie Aktiengesellschaft) ausgetrieben.

Die Corn Products Refining Co. (E. P. 295830) gewann Glukose durch Hydrolyse von Stärke durch Säuren in Gegenwart von Silicagel oder Fullererde.

Hier ist ferner des Verfahrens der I. G. Farbenindustrie A. G. (DRP. 532379 [H. Thienemann, J. Drucker und R. Hartnauer]) zu gedenken, gemäß dem zur direkten Gewinnung von Riechstoffen aus Blüten und anderen Pflanzenteilen Silicagel als Adsorptionsmaterial Verwendung gefunden hat.

Mahlprodukte (Mehl) wurden bezüglich ihrer Backfähigkeit verbessert durch Zusatz von zuvor mit Stickstoffdioxyd, Chlor, Brom usw. behandelten Silicagel (J. Ehrenzeller, DRP. 512549).

A. Schaarschmidt und H. Hofmeier (F. P. 662938) benützten Silicagel zum Entnikotinisieren des Tabakrauches (vgl. ferner das F. P. 675658 [J. Petersen] und 685864 [H. Päffgen]).

Tabakrauch befreite ferner J. Traube (F. P. 681851) vom Nikotin, Methylalkohol, von Alkaloiden, Harzen und Harzsäuren mit Silicagel.

Ferner hat die Western Electris Co. die von ihr hergestellten Kabel mit Hilfe von Silicagel getrocknet[2].

Durch eine Schicht von fein verteiltem Silicagel leitete die Sinclair Refining Co. (DRP. 475836) wiederholt Kohlenwasserstoffe zwecks Spaltung.

---

[1] Lepape, A.: Compt. rend. Acad. Sciences **187**, S. 231—234.

[2] Wolf u. Praetorius: Metallbörse **20**, S. 2357.

II. Die Bleicherden.

1. Die Eigenschaften und Herstellung von Bleicherden.

Die Bezeichnung Bleicherde stammt nach R. A. Wischin[1] von Hirzel, die Bezeichnung Floridin von Bensmann.

Nach P. W. Hargreaves[2] ist ein Zusatz von Essigsäure beim Behandeln von Indigofärbungen mit Fullererde von günstiger Wirkung.

Ferner bestimmte S. Birnwitsch[3] die Adsorption von Teerfarbstoffen aus wässerigen Lösungen an Kieselsäuregel und Floridinerden.

Die Bleicherden und das Silicagel entwickeln beim Benetzen mit Alkohol eine $2^1/_2$—3mal größere Wärme als beim Benetzen mit Benzol[4].

Eine Umkehr der Reihenfolge der Benetzungswärmen bei der Benetzung von Floridin mit wässerigen Lösungen von Methylalkohol bei verschiedener thermischer Vorbehandlung des pulverisierten Floridins stellten B. Jljin und S. Wassiljew[5] fest.

Erden, die Entfärbungsvermögen besitzen, verursachen beim Vermischen mit Ölen eine Temperaturerhöhung, und zwar ist die Größe der Temperatursteigerung der Entfärbungskraft proportional. Hierauf gründet sich die thermische Methode der Aktivitätsbestimmung von Bleicherden nach G. Norkina und G. Guschtschin[6].

Die Polymerisationswärmen von Terpentinöl und α-Pinen bei Anwendung von japanischer, saurer Erde, Fullererde und Floridaerde bestimmten K. Kobayashi und K. Yamamoto[7].

Wie O. Eckart[8] feststellte, sind die Löslichkeit (beim Kochen mit $^1/_2$-n HCl) und die Wasserabgabe bei verschiedenen Temperaturen Erkennungszeichen für einen Bleicherdeton.

Nach S. Kober[9] fehlt die grundlegende Erforschung der Adsorptionsbedingungen möglichst einfacher Stoffe (Bleicherden) für definierte Adsorption.

Die Bleichwirkung von aktivierten Bleicherden leidet unter der Einwirkung von Alkali, daher ist eine Neutralisation schwachsaurer Bleicherden nicht möglich[10].

---

1 Wischin, R. A.: Petroleum **21**, S. 2055—2057, 1925.

2 Hargreaves, P. W.: Dyer Calico Printer **67**, S. 513—514, 1932.

3 Birnwitsch, S.: Kolloid-Ztschr. **44**, S. 239—242.

4 Krczil, F.: Kolloid-Ztschr. **58**, S. 183—189, 1932.

5 Iljin, B. u. S. Wassiljew: Ztschr. physikal. Chem., Abt. A. 1932, S. 365 bis 368.

6 Norkina, G. u. G. Guschtschin: Öl-Fett-Ind. 1932, Nr. 12, S. 41—45.

7 Kobayashi, K. u. K. Yamamoto: Journ. Soc. chem. Ind. Japan (Suppl.) **31**, S. 102—103.

8 Eckart, O.: Ztschr. angew. Chem. **42**, S. 939—941.

9 Kober, S.: Seifensieder-Ztg. **55**, S. 330—331.

10 Eckart, O.: Ölmarkt **9**, S. 129—130.

M. E. Fogle und H. L. Olin[1] stellten bei Fullererde fest, daß die Klärwirkung der Erde durch den neben der Adsorption der kolloiden Stoffe an der Oberfläche stattfindenden Austausch peptisierender Ionen gegen Ca-Ionen erfolgt.

Verschiedene Bleicherden und Silicagel prüfte F. Dobrjanski[2] auf ihre selektive Adsorption von Petroleumharzen.

Das Wasser in der japanischen sauren Erde bestimmten K. Kobayashi, K. Yamamoto und K. Bitö[3].

Es stellte sich heraus, daß das Adsorptionsvermögen von japanischem, saurem Ton für Farbstoffe aus deren organischen Lösungen durch Stoffe mit polaren Gruppen herabgesetzt wird[4].

Die Bleicherden untersuchte P. G. Nutting[5].

E. Böhm[6] hält es für erforderlich, daß der Verwendungszweck einer Bleicherde durch den Fabrikanten angegeben wird.

Die Industrie der natürlichen und künstlichen Bleicherden hat neuerdings H. Soyer[7] erörtert.

Berichte über die neuen Arbeiten betreffend die Wirkung und Herstellung synthetischer Bleicherden erstattete J. Davidsohn[8].

Nach Untersuchungen von K. Kobayashi und K. Yamamoto[9] sind die japanischen sauren Tone von hoher Adsorptionswirkung, ebenso der schwarze Schieferton aus Japan.

1916 fand bei dem georgischen Dorfe Gumbri Twaketschrelids[10] ein ausgedehntes Lager von Bleicherde, der die Bezeichnung Gumbrin verliehen wurde. 1926 begann die Schürfung dieses Produkts, das in seiner chemischen Zusammensetzung der Gadsdenerde (Florida) ähnlich ist, aber einen höheren Tonerde- und Wassergehalt, sowie geringeren Kalk- und Magnesiagehalt als die Erde aus Florida aufweist. Das Gumbrin ist für die Reinigung von Kerosin und pflanzlichen Ölen brauchbar.

Gumbrin und andere russische Bleicherden untersuchten A. Markman und F. Wyschnepolskaja[11] im natürlichen und mit Säuren und Alkalien oder durch Glühen aktiviertem Zustande. Sie fanden, daß die

---

[1] Fogle, M. E. u. H. L. Olin: Ind. engin. chem. **25**, S. 1069—1073, 1933.

[2] Dobrjanski, F.: Petroleum- u. Ölschieferind. **14**, S. 780—795, 1928.

[3] Kobayashi, K., K. Yamamoto u. K. Bitö: Journ. Soc. chem. Ind. Japan (Suppl.) **32**, S. 297 B—298 B, 1929.

[4] Tanaka, Y., T. Kuwata u. S. Furuta: Journ. Fac. Engin, Tokyo Imp. Univ. **20**, S. 53—64, 1932.

[5] Nutting, P. G.: Ind. engin. Chem. Analytical Edition **4**, S. 139—141, 1932.

[6] Böhm, E.: Seifensieder-Ztg. **54**, S. 749—750.

[7] Soyer, H.: Rev. Chim. ind. **42**, S. 174—178, 1933.

[8] Davidsohn, J.: Chem. Umschau Fette, Öle, Wachse, Harze **39**, S. 10—14, 1932.

[9] Kobayashi, K. u. K. Yamamoto: Journ. Soc. chem. Ind. Japan (Suppl.) **34**, S. 99 B—101 B, 1931.

[10] Twaketschrelids: Chem. Apparatur 1930, S. 240.

[11] Markman, A. u. F. Wyschnepolskaja: Öl-Fett-Ind. 1932, S. 45—48.

Naturerden wenig wirksam waren. Die Aktivierung der Roherden erfolgt am besten mit Hilfe von Schwefel- oder Salzsäure.

Die aktivierte Bleicherde „Krymsil" weist nach L. A. Ssuschizki[1] folgende Zusammensetzung auf und hat eine größere Entfärbungskraft für Mineralölprodukte als Floridin, Terrana A und Silicagel:

68,51% Kieselsäure,	1,47% Kalziumoxyd,
12,47% Wasser,	2,99% Magnesia,
10,96% Tonerde	0,7 % Kalium-Natriumoxyd.
2,90% Eisenoxyd	

15% Feuchtigkeit weist die Woodit-Erde der Thurber Earthen Products Co.[2] auf, die einen osmotischen Druck von $2^1/_2$ Quadratzoll im in destilliertem Wasser hängenden Kollodiumsatz hervorbringt. Trocken ist ihre Dichte 1,59. Sie ist in Schwefelsäure löslich und verliert beim direkten Erhitzen auf 500° F 13%, auf 870° F 20% an Wirksamkeit. Im Luftbad auf 500° F erhitzt, zeigt sie eine Verminderung der Wirksamkeit nicht.

Wie E. Belani[3] angab, hat die natürliche Karlsbader Erde „Carlonit" basischen Charakter (Kalzium- und Magnesiumoxydgehalt) und ist daher zum Neutralisieren und zur trockenen Fertigraffination von Schmierölen geeignet.

Nach R. Fussteig[4] ist die an Alkali arme Erde Carlonit (Karlsbad) hochwirksam bei ihrer Verwendung bei der Öl- und Fettbleiche. Sie hat auch den Vorzug, daß die Vitamine A und D durch sie weder geschädigt noch oxydiert werden.

Zum Trocknen der bayerischen Bleicherden (jährliche Aktivierung etwa 50000 Tonnen) eignen sich die Trockentrommel der Firma Friedrich Haas, sowie deren Patenttrockner[5].

Vor Aufbereitung einer weißen Filtererde ist zunächst von einem erfahrenen Kolloid- und Fettchemiker der Höchsteffekt an Bleichwirkung der chemisch gereinigten Erden zu ermitteln, wozu als Testobjekt das schwer bleichbare Rohknochenfett heranzuziehen ist. Erst nachdem diese Versuche gute Resultate ergeben haben, kommt eine Verwertung des Roherdelagers in Betracht (Chem.-Ztg. 1927, Anfrage 1527).

Hier ist des Verfahrens von M. Nekritsch[6] zu gedenken, gemäß welchem eine Aluminiumsulfatlösung mit einer Silikatlösung gefällt wird. Der dabei entstehende Niederschlag hat oft die Zusammensetzung

---

[1] Ssuschizki, L. A.: Mineral. Rohstoffe **6**, S. 89—94, 1931.

[2] Thubber Earthen Products Co.: National Petroleum News **24**, S. 27 bis 33, 1932.

[3] Belani, E.: Petroleum **28**, S. 11—12, 1932.

[4] Fussteig, R.: Oliën Vetten Oliezaden 18, S. 485—486, 1934.

[5] Belani, E.: Allg. Öl- u. Fett-Ztg. **24**, S. 315—316.

[6] Nekritsch, M.: Journ. chim. Ukraine Wiss. u. techn. Teil (russ.) **2**, S. 155 bis 164, 1926 u. Ztschr. anorgan. allg. Chem. **177**, S. 86—90, 1928.

$Al_2O_3 \cdot 7\ SiO_2 \cdot 5$ oder 6 H_2O. Man kann diesen Niederschlag nach der Trocknung bei Zimmertemperatur als Bleicherde (Transformator-, Sonnenblumenöl) verwenden, auch adsorbiert er Benzol aus solches enthaltender Luft. Erhitzen auf 120° C, noch mehr Glühen des Produkts verringert seine Adsorptionsfähigkeit.

Aus Lehm gewannen W. Shadin, E. Uljaschtschenko und W. Astafjew[1] durch Erwärmen mit Schwefelsäure (59—60° Bé) auf bis 120° C Bleicherde. Die bis zur Säurefreiheit ausgewaschene und getrocknete Masse wird fein gemahlen (bis 1500 Maschen auf den Quadratzentimeter). Sie zeigt die Wirksamkeit des Floridins und Tonsils, übertrifft sie sogar bei der Behandlung von Naphthaprodukte. Aus den Ablaugen wird Kalialaun und Aluminiumsulfat gewonnen.

Nach O. Burghardt[2] läßt sich die Aktivität natürlicher Fullererden u. dgl. durch Säurebehandlung erhöhen.

Nach A. Travers[3] wirkt das bei der Aktivierung mit Säuren freigemachte Kieselsäuregel zum großen Teil bei der Verwendung von Bleicherden.

Die Aufschließung von Rohtonen mit Mineralsäuren erläuterte A. Scholz[4] und besprach die Rentabilität der deutschen Bleicherden.

C. Antenay[5] berichtete über die technische Verwendung poröser Erden und Kohlen, sowie über Adsorptionsanlagen zur Wiedergewinnung und Reinigung von Gasolin, Schwefelwasserstoff, Benzol und Petroleum.

Die Filtration der Mineralöle durch Filtererden findet nach P. G. Nutting[6] durch offene Ketten oder Bänder von Sauerstoff und Silizium statt, die durch Herausnahme von Wasser aus den endständigen Hydroxylgruppen der komplexen Kieselsäuren

$$\begin{array}{ccccccccc} HO & — & Si & — & O & — & Si & — & O — Si — \\ & & (H_2O) & & & & (H_2O) & & (H_2O) \end{array}$$

entstehen. Gewisse, meist farbige Alkyl- oder schwach basische Kohlenwasserstoffradikale werden von den Erden durch Adhäsion oder Oberflächenreaktion aus den Ölen entfernt. Einige der so erhältlichen organischen Silikate sind in allen Lösungsmitteln unlöslich.

Es hat sich ergeben, daß gute natürliche oder künstliche Filtererden solche sind, die durch schwaches Erhitzen entfernbares Hydroxylwasser aufweisen bzw. durch Säureeinwirkung, leicht entfernbare, endständige Alkaliradikale enthalten.

---

[1] Shadin, W., E. Uljaschtschenko u. W. Astafjew: Journ. chem. Ind. 5, S. 864—865, 1928.

[2] Burghardt, O.: Industria chimica 5, S. 876—878, 1930.

[3] Travers, A.: Chim. et Ind. 29 (Sondernummer 6), S. 793—796, 1933.

[4] Scholz, A.: Chem.-Ztg. 53, S. 899, 1929.

[5] Antenay, C.: Ind. chimique 15, S. 182—185.

[6] Nutting, P. G.: Oil Gas Journ. 27, S. 138—139.

Zur Regeneration gebrauchter Schmier- und Isolieröle empfahl R. A. Wischin[1] die Behandlung mit Bleicherde (Floridinverfahren) als beste Arbeitsmethode.

Y. Tanaka und T. Kuwata[2] fanden, daß Indophenol und p-Nitranilinrot durch den sauren Ton aus Odo am stärksten aus neutralen Lösungen (in Benzin oder Hexan) adsorbiert werden.

Ferner stellte K. Yamamoto[3] Röntgenuntersuchungen bei japanischem sauren Ton an.

Die Farbreaktion des japanischen sauren Tones mit Karotin untersuchten K. Kobayashi, K. Yamamoto und J. Abe[4].

Auch stellte Yamamoto[5] die Löslichkeit des japanischen sauren Tones in alkalischen Lösungen fest.

Naturtone aus der Krim besitzen zum Teil schwaches Adsorptionsvermögen für Mineralölfarbstoffe, letzteres wird indessen durch Behandlung mit Salzsäure (10%ige) beträchtlich erhöht[6].

E. R. Lederer und E. W. Zublin[7] untersuchten das Ölentfärbungsmittel Woodit-Erde (Bentoniterde) der Thubber Earthen Products Co.

P. G. Nutting[8] hat die in Amerika natürlich vorkommenden Bleicherden sowie den aktivierbaren Bentonit und Glaukonit auf ihre Brauchbarkeit für die Mineralölraffination geprüft.

Eine Anzahl von Bleichtonen des Aserbaidschan (Bentonite, Floridine) wurden untersucht und zeigten nur geringes Adsorptionsvermögen[9].

Einen Bericht über die Eigenschaften der Bleicherden und ihre Aktivierung und Wirkung auf die Mineralöle gab L. Valli-Douau[10].

Mit Säure behandelte (aktivierte) Bleicherden (Bentonite, Halloysite usw.) weisen fast die nämliche Wirkung wie gute Fullererden auf[11].

Eine Zusammenstellung von durch ihn geprüften Bleicherden gab J. Florian[12].

---

[1] Wischin, R. A.: Petroleum **23**, S. 546—551.

[2] Tanaka, Y. u. T. Kuwata: Journ. Fac. Engin., Tokyo Imp. Univ. **18**, S. 99—107, 1929.

[3] Yamamoto, K.: Journ. Soc. chem. Ind. Japan (Suppl.) **8**, S. 482 B—486 B, 1932.

[4] Kobayashi, K., K. Yamamoto u. J. Abe: Journ. Soc. chem. Ind. Japan (Suppl.) **32**, S. 182 B—183 B.

[5] Yamamoto: Journ. Soc. chem. Ind. Japan (Suppl.) **36**, S. 38 B—42 B, 1933.

[6] Ssuschitzki, L. A.: Mineral. Rohstoffe **6**, S. 527—536.

[7] Lederer, E. R. u. E. W. Zublin: National Petroleum News **24**, Nr. 35, S. 27—33, 1932.

[8] Nutting, P. G.: Oil Gas Journ. **31**, Nr. 36, S. 14, 1933.

[9] Kowalewski, S. A.: Beil. zur Petroleum- u. Ölschieferind. Aserbaidschan 1931, Nr. 1.

[10] Valli-Douau, L.: Chim. et Ind. **21**, Nr. 2, S. 2689—2692.

[11] Meyer, J. E.: Refiner and natural Gasoline Manufacturer **9**, S. 82—86, 1930.

[12] Florian, J.: Petroleum **22**, S. 780—781.

Die von E. W. Zublin[1] angegebene Wasserbestimmungsmethode für Bleicherden beruht auf dem 20minutigen Erhitzen der Roherde (25 g) in fein gemahlenem Zustande im Ölbad mit 1/2 Zoll hoher Sandschicht.

Die Säure in der Bleicherde bestimmte L. Kalusky[2], indem er 12,5 g der Erde mit 70 ccm Wasser kochte, auf 250 ccm au füllte und in aliquoten Teilen des Filtrats die Gesamtsäure gegen Phenolphthalein und die freie Säure gegen Methylorange mit 1/100 n-Natronlauge titrierte.

Röntgenographische Untersuchungen der chemischen Analyse und Lichtbrechung ergaben, daß Montmorillonit mit dem Smectit identisch ist. Montmorillonit ist ein wesentlicher Bestandteil der Fullererde und des Bentonits[3].

Die bis dahin bekannten Methoden der Bestimmung des Adsorptionsvermögens bei der Entfärbung von Ölen der Bleicherden kritisierte A. Wiberg[4]. Er empfahl die Bestimmung mittels Loviloids Tintometer.

Die Lösung des Problems der Aktivitätsbestimmung von Bleicherden — bestimmtes Öl mit gleichen Mengen der zu untersuchenden Erde und einer Standardbleicherde unter bestimmten Bedingungen zu bleichen — führt nach E. Schild[5] zu zuverlässigen Resultaten infolge der Veränderlichkeit des Öles und der Standarderde nicht.

Für die Bestimmung der Entfärbungskraft von Bleicherden schlug H. Utermöhlen[6] vor, 100 g der Erde eine Stunde mit 250 ccm n-Natriumazetatlösung zu schütteln und 125 ccm des Filtrats mit Natriumhydroxydlösung auf Azidität zu titrieren.

Zur Prüfung der Filter- und Entfärbungsmassen empfahlen A. Linsbauer und J. Vašátko[7] einen technischen Laboratoriumsapparat, der in allen Industriezweigen verwendet werden kann.

Mit einfachen Hilfsmitteln stellte L. Kalusky[8] ein zur Bleicherdebeurteilung geeignetes Kolorimeter her.

Die wesentliche Rolle der organischen Bestandteile (Humussäuren) bei der Aktivierung von Tonen erörterte G. Keppeler[9]. Diese Ausführungen widerlegten B. Neumann und S. Kober[10].

---

[1] Zublin, E. W.: National Petroleum News **25**, Nr. 37, S. 36, 1933.

[2] Kalusky, L.: Seifensieder-Ztg. **60**, S. 383—384, 1933.

[3] Kerr, P. F.: Amer. Mineralogist **17**, S. 192—198, 1932.

[4] Wiberg, A.: Ztschr. angew. Chem. **41**, S. 1338—1342, 1928.

[5] Schild, E.: Seifensieder-Ztg. **56**, S. 86—87.

[6] Utermöhlen, H.: Chem.-Ztg. **55**, S. 625—626, 1931.

[7] Linsbauer, A. u. J. Vašátko: Listy Cukrovarnické **46**, S. 659; Ztschr. čechoslovak. Rep. **53**, S. 25—30.

[8] Kalusky, L.: Seifensieder-Ztg. **60**, S. 400—401, 1933.

[9] Keppeler, G.: Zeitschr. angew. Chem. **40**, S. 409, 1927.

[10] Neumann, B. u. S. Kober: Kolloidchem. Beitr. **27**, S. 1—43.

Der Mechanismus der Aktivierung von Bleicherden mit verdünnten Säuren beruht nach A. Travers[1] wenigstens zum beträchtlichen Teile auf dem Freiwerden von als Gel wirkender Kieselsäure.

Das durch Mischen von Alaun mit einer Natriumsilikatlösung bei 45° C erhältliche Aluminiumsilikat ist in seiner Adsorptionsfähigkeit gegenüber Gasolin und Benzin aus damit gesättigter Luft dem Kanbaraton ähnlich[2].

2. Die im In- und Auslande patentierten Verfahren zur Herstellung von Bleicherden.

S. Kober (DRP. 453973) fand, daß sich die Bleichwirkung von Bleicherden durch Erhitzen auf über 120° C (am besten auf 650° C [500—700° C)] erhöhen läßt. Bei Steigerung der Glühtemperatur auf 750° C tritt ein Absinken der Wirkung der Bleicherden unter diejenige der auf 120° C erhitzten Bleicherden.

Hochwirksam soll die Bleicherde sein, die man durch Vermischen von Roherde mit Schwefelsäure oder Bisulfat oder Gemengen beider, Überführen des Gemisches in annähernde oder völlige Trockenheit und Auswaschen nach dem Verfahren des DRP. 483063 (Bayerische Akt.-Ges. für Chemische und Landwirtschaftlich-Chemische Fabrikate und H. Hackl) erhält.

Weiterhin ließ sich die Firma Tonwerk Moosburg, A. und M. Ostenrieder, G. m. b. H. (DRP. 485771) ein Verfahren zur Herstellung hochaktiver Bleicherde schützen, das darin besteht, daß man der mit Wasser angeschlämmten Roherde Wasserglas oder Alkalien zusetzt, worauf das Ganze eingedampft und mit Säure (Salzsäure) aktiviert wird.

Ungeschlämmte und ungemahlene Weißerde behandeln J. Brunner und O. Hell (DRP. 486110, Schweiz. P. 126189) ohne vorherige Trocknung mit konzentrierter Säure (Salzsäure im allgemeinen nicht unter 12° Bé).

Bei Anwendung konzentrierter Säure zerfällt die Weißerde nicht, wie bei der Einwirkung von Wasser oder verdünnten wässerigen Lösung, behält dagegen nicht nur ihre in ihrer Breccienstruktur begründete körnige Form, sondern erhärtet sogar in dieser Form.

Ebenfalls einen Zerfall der Roherdekörner bei der Aufbereitung vermieden die Pfirschinger Mineralwerke Gebr. Wildhagen & Falk gemäß ihrem DRP. 507760 dadurch, daß sie die Bleicherdekörner mit stark konzentrierter Mineralsäure im Vakuum oder unter Druck erhitzen.

---

[1] Travers, A.: Chim. et Ind. **29**, Sonder-Nr. 6, S. 793—796, 1933.

[2] Isobe, H.: Scient. Papers Inst. physical chem. Res. **12** B, S. 24—25, 1930.

Eine Adsorptionsmasse, deren Enthärtungsvermögen gegenüber Methylenblaulösung etwa doppelt so groß wie das der Fullererde ist, erhielt K. Wolf (DRP. 494688) durch Eindampfen eines Gemisches von Kalisalzen (Kalisalzgemische wie Carnallit), Sulfitablauge und Wasserglas, Glühen des Rückstandes bei etwa 500° C, Auslaugen mit Wasser und Trocknen bei 105° C.

Zweckmäßig glüht man die so erhaltene Masse nach dem Trocknen mehrere Stunden im offenen Tiegel bei Temperaturen bis 550° C. Das so erhaltene Produkt bleicht Vorsprit fast vollständig.

R. Fahr (DRP. 552956 [I. G. Farbenindustrie A. G.]) verbessert die Wirkung von Bleicherden mit Hilfe alkalischer Stoffe, wobei letztere in solcher Menge Anwendung finden, die beim Zusatz zu einer wässerigen Emulsion der Bleicherde eine möglichst geringe Sedimentationsgeschwindigkeit zur Folge hat.

Man suspendiert z. B. je 100 g einer mit Salzsäure vorbehandelten und teilweise ausgewaschenen Bleicherde, deren Säuregehalt durch Titration eines wässerigen Auszuges aus 100 g Bleicherde mit Natronlauge, einem Verbrauch von 8 ccm n/10-NaOH-Lösung entspricht, in 1000 ccm Wasser und setzt dann unter Umrühren steigende Mengen einer Natronwasserglaslösung (D 1,179) zu. Es läßt sich dann durch Beobachtung des Sedimentationsvorganges feststellen, daß die mit 9 ccm Wasserglaslösung behandelte Probe sich am langsamsten absetzt. Entsprechend diesem Mengenverhältnis behandelt man größere Bleicherdemenge mit Wasserglaslösung und trocknet ohne Nachwaschung.

Sodann gewinnt die Firma Pfirschinger Mineralwerke Gebr. Wildhagen & Falk (DRP. 567982) säurehaltige Öl- und Fett-Klär- und Entfärbungsmittel aus durch mit Säuren hohen Dissoziationsgrades hergestellten Bleicherden, indem sie ihnen einen Zusatz einer in dem zu klärenden Gut unlöslichen Säure (z. B. Milchsäure) gibt. Dieser Zusatz bewirkt, daß die mit dem Klärmittel behandelten Öle, Fette o. dgl. nicht nachdunkeln.

Zweckmäßig verwendet man als Säure von niedrigem Dissoziationsgrad Oxalsäure.

J. K. Wirth, die Gewerkschaft Tannenberg, Werk Leopoldshall und K. Retter (DRP. 568128) rühren während des Aufschlusses von Bleicherde mit Säure in wässeriger Aufschlämmung mittels fein verteilter Druckluft bzw. freiem Sauerstoff enthaltender Druckgase, wodurch ausgiebige Oxydation ohne wesentliche Zertrümmerung der Materialteilchen in dem Reaktionsgemisch auftritt.

Zum Bleichen von Ölen und Fetten empfahl die Reymersholms Gamla Industri Aktiebolag (DRP. 572779) künstliche Bleicherden, die man durch Auswaschen mit Säuren, gegebenenfalls bis zur neutralen Reaktion, Trocknen, gegebenenfalls Erhitzen und Mahlen der festen

Abfallprodukte der Herstellung von Aluminiumsalzen aus Tonen mittels Säuren erhält.

Die Bleichwirkung dieses Produkts auf die Pflanzen-, Tier- und Mineralöle, sowie Fett- und Wachsarten soll größer als die der natürlichen und gleich derjenigen der aktivierten Bleicherden sein.

Beim Aufschluß natürlicher Silikate können neben den bisher dafür angewendeten Säuren (Salzsäure) entsprechende wasserlösliche Salze dieser Säuren (Aluminiumchlorid) gleichzeitig verwendet werden, und zwar Salzsäure und Chloride, Schwefelsäure und Sulfate (DRP. 580712 [H. L. Lehmann]) (Ö. P. 133921 und F. P. 741918 [Bayerische Aktien-Gesellschaft für Chemische und Landwirtschaftlich-Chemische Fabrikate]). Hierdurch erreicht man nicht nur restlose Säureausnutzung, sondern auch Säureersparnis.

Ton führte A. Scholz (DRP. 581217) in der Weise in aktive Bleicherde über, daß er die Aufschlämmung des grubenfeuchten (Roh-)Tones zu einem hochprozentigen, homogenen Schlamm einerseits durch konzentrierte Salzsäure, andererseits durch das Kondensat des sofort eingeleiteten Kochdampfes herbeiführte. Gleichzeitig mit dem Säureschlämmprozeß wird die Aktivierung durch die Dampfbeheizung begonnen und durch mehrstündiges Kochen der homogen aufgeschlämmten Masse, die von Anfang an bis zum Schluß der Operation mechanisch, lebhaft umgerührt wird, beendet.

Zweckmäßig nimmt man die Aufschlämmung und Aktivierung in einem Apparat, am besten mit hohen Trockensubstanzkonzentrationen bis zum Schluß der Aktivierung vor.

Auch ist es vorteilhaft, die Aktivierung bei Überdruck und Erhöhung der Siedetemperatur durchzuführen.

Aktivierungsgefäß und Rührvorrichtung müssen die höchste Salzsäurebeständigkeit, Druck- und Temperaturfestigkeit, Widerstandsfähigkeit gegen mechanische Beanspruchung und Temperaturschwankungen aufweisen.

Die Atom-Studiengesellschaft für Erze, Steine und Erden m. b. H. (DRP. 597716, F. P. 760646 [Posehls Apparatebau Export-Gesellschaft m. b. H.], E. P. 412805 [K. Endell]) aktiviert Tone mit Hilfe des elektrischen Stromes in der Weise, daß auf den in Wasser aufgeschlämmten Ton Elektrizität derart zur Einwirkung gebracht wird, daß als wesentliche Wirkung eine Elektrodialyse oder Elektroultrafiltration stattfindet, ohne daß dabei der Rohstoff von aus vorhandenen oder zersetzten Salzen freiwerdender Säure im Entstehungszustande beeinflußt wird.

Zwecks Verbesserung der Anfangsleitfähigkeit werden dem Tonschlamm oder dem Verwendungswasser Säuren in kleinen Mengen zugesetzt.

Vorteilhaft führt man die Elektrizitätseinwirkung bis zur Erreichung einer konstanten Endleitfähigkeit der Tontrübe durch.

Ebenfalls Ton führt die Norddeutsche Chemische Fabrik (DRP. 606346) in Klär- und Bleichmittel durch Aufschluß mit Säuren über.

Die schädigenden Einflüsse von nicht zu entfernenden Verunreinigungen des Tones, besonders des Eisens, werden durch eine besondere Nachbehandlung, wie Waschen des aktivierten Produkts mit einer stark verdünnten Säure oder durch Zusatz von Komplexbildnern (Glyzerin, Glykol) aufgehoben.

Letztere können auch den fertig behandelten Bleicherden noch zugesetzt werden.

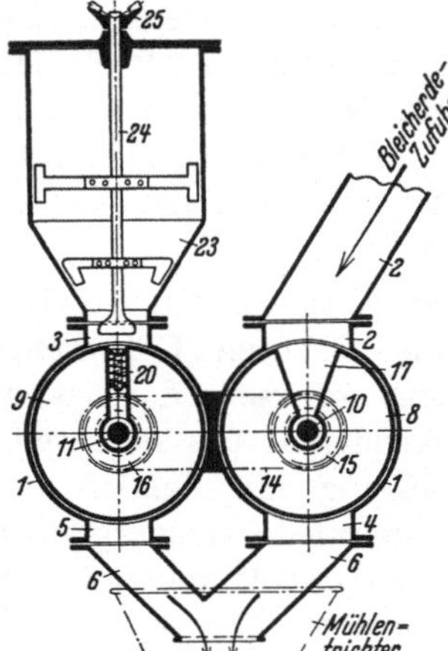

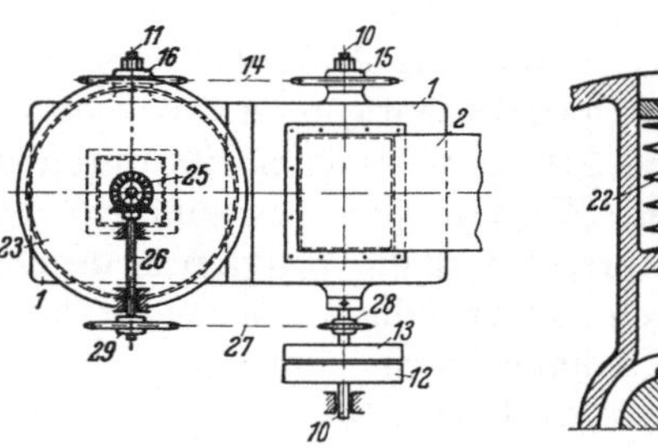

Abb. 11. Abb. 12. Abb. 13.
Abb. 11—13. Automatische Neutralisationsmaschine für Bleicherden (O. Burghardt; DRP. 472958).

Hier ist auch der automatischen Neutralisationsmaschine für Bleicherden von O. Burghardt (DRP. 472958) zu gedenken.

Diese Vorrichtung gestattet, der aus den Trockenapparaten kommenden aktivierten Bleicherde die für die Entfärbung von Speiseölen erforderliche Neutralität automatisch zu geben. Sie ist so eingerichtet, daß sie das Neutralisationsmittel (für die Säure, mit der die Bleicherde behandelt wurde und die sich in der letzteren noch befindet) in der erforderlichen Menge der Bleicherde zuzuführen vermag.

Die Abb. 11—13 veranschaulichen die Vorrichtung. Diese besteht aus dem Gehäuse 1 mit den Stutzen 2 und 3 (oben), sowie 4 und 5 (unten).

Der Stutzen 2 dient zur Aufgabe der getrockneten, stückigen Bleicherde, der Stutzen 3 zur Zuführung des Kalkes aus dem Behälter 23. Letzterer vermag die zur Neutralisation von etwa 15 tns Bleicherde erforderliche Menge Kalk zu fassen. Die Stutzen 4 und 5 führen den Kalk und die Bleicherde durch das Formstück 6 der nicht gezeichneten Mahlmaschine zu (Abb. 11).

Die Gehäuse 1 enthalten mit gleicher Umdrehungsgeschwindigkeit laufende Aufgabetrommeln 8 für die Bleicherde und 9 für den Kalk. Beide sind auf die Wellen 10 bzw. 11 aufgekeilt.

Die Welle 10 und damit die Trommel 8 werden durch die Los- und Festscheiben 12 und 13 angetrieben, Trommel 9 erhält ihren Antrieb durch die Gallsche Kette 14, sowie die Kettenräder 15 und 16 von der Trommel 8 aus.

Die stückige Bleicherde rutscht der Trommel 8 aus dem Stutzen 2 in die Aussparung 17 und wird nach einer halben Umdrehung unten durch den Stutzen 4 und das Formstück 6 in den Trichter der Mahlmaschine befördert. Die Aussparung der Trommel 9 hat in der Mitte eine Rippe 19, in die die Gewindeschraube 20 eingeschraubt ist, die die verstellbare Schiene 21 gegen den Federdruck der Feder 22 in einer bestimmten Lage festhält (Abb. 12).

Durch Anziehen oder Lösen der Schraube 20 läßt sich der Raum über der Schiene 21 vergrößern oder verkleinern und auf diese Weise die Menge des Kalkzusatzes einstellen.

Der Kalkbehälter 23 ist mit einem Rührwerk 24 ausgestattet, damit der im Behälter befindliche trockene, pulverisierte Kalk dauernd in Bewegung ist und dadurch die einwandfreie Kalkzuführung zur Trommel 9 gewährleistet ist. Das Rührwerk 24 wird durch das Kugelradpaar 25 und die Welle 26 durch die Gallsche Kette 27 und die Kettenräder 28 und 29 von der Welle 10 aus angetrieben (Abb. 13).

Durch Änderung der Umdrehungszahl der Hauptantriebswelle 10 läßt sich die Stundenleistung der Neutralisiervorrichtung vergrößern oder verkleinern, so daß sie jeder Leistung der Mühle angepaßt werden kann.

Der Kraftbedarf der Vorrichtung ist gering.

Bei der Rückgewinnung der Salzsäure aus den Endlaugen der Bleicherdefabriken ging E. Maag nach dem DRP. 449993 in der Weise vor, daß er die Verdampfung und Zersetzung der Laugen in mindestens zwei grundsätzlich sich voneinander unterscheidenden Abschnitten durchführte. Im ersten Abschnitt wurde die Endlauge möglichst weitgehend eingedickt, im zweiten dagegen die Zersetzung der Laugen herbeigeführt.

Ferner verteilte er (DRP. 451531) die Endlauge im Verdampfungs- oder im Zersetzungsraum durch eine Koksschicht. Vorteilhaft wurde die Koksschicht in dem Maße, wie sie sich mit Chlorid- bzw. Oxydschicht überzog, von oben her erneuert, während die untere Schicht nach unten abgezogen wurde. Durch die anschließende Verbrennung des Kokses wurde die für das Verfahren erforderliche Wärme ganz oder teilweise geliefert.

Die Sirius-Werke A.G. (DRP. 464086) brachte zum gleichen Zwecke die salzsaure Ablauge mit Oxyden solcher Metalle selbst oder anderen geeigneten Verbindungen in Berührung, deren Chloride bei der Zerlegung durch Erhitzen wieder freie Salzsäure abzuspalten vermögen. Hierdurch wurde die freie Säure an Metallionen gebunden, wodurch der vorzeitigen Abdestillation mit dem wässerigen Verlauf vorgebeugt wurde.

Zur Abscheidung des Eisens aus den Ablaugen der Bleicherdefabrikation, die wenigstens einen Schwefelgehalt aufweisen, fällte H. Hackl (DRP. 505210) das Eisen wesentlich als basisch-schwefelsaures Eisen. Einen eisenhaltigen, ockerartigen Farbkörper unter gleichzeitiger Erhöhung des Tonerdegehaltes der Lauge stellte ferner der Genannte (DRP. 541613) dadurch her, daß er basenaustauschenden Kaolin oder Ton in der Siedehitze auf die Lauge zur Einwirkung brachte.

Nach dem E.P. 217438 (C. E. J. Goedecke [W. Eberlein]) sollen Suspensionen von natürlichen oder künstlichen Silikaten (Ton) mit Alkali, gegebenenfalls unter Druck und gegebenenfalls nach Zusatz organischer Stoffe (basische Farbstoffe usw.) gekocht werden.

Durch inniges Mischen von Walkererde und ähnlichen Hydrosilikaten mit Aktivkohle oder Ruß erhielt die Büttner-Werke A.G. (F.P. 635916 [F. Kleinmann]) Entfärbungsmittel.

Feuertone und andere Tone wie Kaolin u. dgl. wurden von J. G. Cloke (E.P. 272979) mit Hilfe starker Chemikalien, wie Fluor- oder Flußsäure in Bleicherden übergeführt.

Diese Behandlung wurde während des Kochens (in Wasser und Schwefelsäure) vorgenommen, indem man der (konzentrierten) Flüssigkeit Kalziumfluorid in fein verteiltem Zustande zugesetzt. Das Kochen wurde sodann bis zum Dickwerden der Masse fortgesetzt. Die (sich bildende) Flußsäure durfte nicht im Überschuß vorhanden sein.

Erden vom Typus des Montmorillonits (Saponit, Steatit, Halloysit und Bentonit) wurden von P. W. Prutzman (F.P. 583163) mit Säuren in Ölentfärbungsmittel übergeführt.

Gemahlenen Leverrierite (200-Maschensieb) veredelte H. L. Kauffman (A.P. 1579326 [Producers and Refiners Corporation]), indem er ihn mit verdünnter (Schwefel-) Säure 6—8 Stunden bei 200° F digerierte, worauf die Masse ausgewaschen und getrocknet wurde.

Zum Reinigen von Ölen und Fetten soll sich natürliches Magnesiumsilikat eignen (P. W. Prutzman und A. D. Bennison, A.P. 1598254 [General Petroleum Corporation]). Die genannten Erfinder haben das Magnesiumsilikat sodann durch Behandlung mit Salzsäure oder Schwefelsäure verbessert und fein zerteilt. (A.P. 1598255 und 1598256.)

Kohlenstoffhaltigen Ton kalzinierte W. B. Alexander (A.P. 1610408 [J. H. Magoon]) bei Luftabschluß.

Ferner veredelten K. Ikeda, H. Isobe und T. Okazawa (A.P. 1630660 [Z. H. R. Keukyujo]) Fullererde (Floridaerde) o. dgl. durch Kneten mit Wasser, Formen zu Strängen mit großer Oberfläche, Zerbrechen der Stränge auf die gewünschte Größe und Erhitzen auf 150 bis 600° C.

Ferner behandelten W. D. Rial und E. W. Gard (A.P. 1634514) Ton mit dem Gemenge von gereinigtem Petroleumdestillat und Schwefelsäure unter Umrühren, worauf der Destillatüberschuß ausgetrieben wurde. Auch bedienten sie sich zu diesem Zwecke der Gemische von Petroleumkohlenwasserstoffen mit Alkalilösungen (A. P. 1639274).

Zur Herstellung und Regenerierung von Bleicherden aus Tonen, Natursilikaten u. dgl. unterwarf C. A. Mckerrow (A.P. 726091) diese in geschlossenen Gefäßen der Einwirkung von Dampf unter folgender Erhitzung der Gefäße von außen, so daß nach Dämpfen der Stoffe die organischen und Schwefelverbindungen zersetzt wurden, worauf nach Entfernung der äußeren Heizquelle nochmals Dampf durch den Gefäßinhalt geleitet wurde, bis letzterer etwa 212° F erreicht hatte.

Die entfärbende Wirksamkeit der Fullererde steigerte P. A. Boeck (A.P. 1272197 [Celite Products Co.]) durch Beimischen von Infusorienerde, und zwar in gleichen Gewichtsteilen. Zweckmäßig glühte er die Infusorienerde vorher.

Zum Entfärben, Reinigen und Adsorbieren der verschiedensten Öle o. dgl. eignet sich die von J. K. Stewart (A.P. 1592543 [Shell Co.]) angegebene Masse, die aus Tonerde (rein) und Kieselsäure (rein) besteht. Sie wird durch Zusammenbringen von Aluminiumsulfat- und Natriumsilikatlösungen gemäß der Gleichung:

$$Al_2(SO_4)_3 + 3\ Na_2Si_3O_7 = Al_2O_3 + 9\ SiO_2 + 3\ Na_2SO_4$$

erhalten. Das erhaltene Gemisch wird getrocknet, gemahlen und das Natriumsulfat ausgewaschen, hierauf wird es nochmals getrocknet und pulverisiert.

Reine Aluminiumhydrosilikate der Formel $Al_2O_3 \cdot 12\ SiO_2 \cdot 2\ H_2O$ empfahl ferner H. S. Christopher (A.P. 1617476 [Standard Oil Co.]) zum Raffinieren von Petroleumölen.

Zwecks Erzeugung dieser Stoffe wurden die Schwefelsäureauszüge von Fullererden oder ähnlichen Tonen filtriert und dann mit Natriumhydroxyd neutralisiert. Auch andere Aluminiumsalzquellen wurden unter Umständen hierbei herangezogen. Die neutralisierten Flüssigkeiten wurden mit (billigen) Natriumsilikatlösungen bei etwa 80° F gemischt, die erhaltenen Niederschläge abfiltriert, mit Wasser ausgewaschen und getrocknet.

Ebenfalls Aluminiumsulfat diente H. T. Maitland (A.P. 1711504 [Sun Oil Co.]) zur Herstellung von Entfärbungsmassen mit Ammonium-Aluminiumsilikat.

Zweckmäßig setzte er zu den Lösungen des löslichen Silikats Aluminiumsulfat enthaltende Stoffe unter Rühren, kochte das Ganze, wusch die löslichen Salze aus der erhaltenen Masse und entwässerte sie bei 500—1000° F.

An Stelle des Ammonium-Aluminiumsulfats wurde auch Aluminiumsulfat verwendet.

Ferner erhielt G. E. van Nes (A.P. 1715439) ein Reinigungsmittel durch Zusatz von löslichem Silikat (Wasserglas), eines basischen Stoffes (Magnesium-, Barium-, Aluminiumhydroxyd usw.) und einer Säure (Kohlen-, schweflige oder Phosphorsäure usw.) unter Umständen zu der zu klärenden Lösung. Auch konnte die Bleichmasse als solche durch Einbringen eines basischen Stoffes und der Säure in eine Kieselsäurelösung (Wasserglas) erhalten werden.

Tone der Montmorillonitetype (Bentonite) aktivierten M. L. Chappell und M. M. Moore (A.P. 1642871 [Contact Filtration Co.]) durch Behandeln mit einer Säure (Schwefelsäure), Auswaschen mit Wasser, Absetzenlassen, Trocknen und Mahlen.

J. S. Potter (A.P. 1649366 [S. W. Shattuck Chemical Co.]) behandelte gemahlenen Ton mit 20—50%, Schwefelsäure von wenigstens 60° Bé, erhitzte das Gemisch auf 770—1000° C und laugte die Masse schließlich mit einer Säure aus.

Weiterhin ließen J. C. Merrill und H. S. Montgommery (A.P. 1716828) eine die chemische Konstitution des Tones nicht verändernden Elektrolyten (Aluminiumsulfat, Natrium- oder Kaliumbisulfat oder Borsäure) auf ersteren einwirken, und zwar 2—5% des Tongewichts. Der Ton wurde alsdann getrocknet und zerkleinert.

Sodann ist hier des Verfahrens von W. A. Raine und R. C. Pollock (A.P. 1739734 [Union Oil Co.]) zu gedenken, gemäß welchem Entfärbungsmaterial aus Ton erzeugt wurde. Es bestand darin, den Ton mit Wasser zu einer dünnen Paste zu verarbeiten, sodann solange zu erhitzen, bis die Imbibition vollständig war, Schwefelsäure zuzusetzen, nochmals zu erhitzen, zu waschen und trocknen.

Ferner führte J. V. Apablasa (A.P. 1742433 [O. J. Salisbury]) Ton in Bleicherde dadurch über, daß er ihn in trockener und fein zerteilter Form mit einer geringen Menge der Lösung des Reaktionsproduktes zwischen Schwefelsäure, Natriumsilikat, Natriumbisulfit und Wasser in zerstäubtem Zustande behandelte.

R. O. Boykin (A.P. 1744610) erzeugte ein gut wirkendes Ölreinigungsmittel aus Fullererde durch Trocknen, Sieben, Anrühren mit Wasser zu einer Paste und Hindurchpressen durch eine mit vielen Öffnungen versehene Eisenplatte in einen heißen Trockenraum. Die sich dabei bildenden Preßstränge wurden bis auf eine Größe von etwa $^1/_{64}$ Zoll Durchmesser und verschiedene Länge beim Verlassen des Trockenraumes zerkleinert.

Aktiver als Fullererde soll die Masse sein, die nach W. S. Baylis (A.P. 1776990 [Filtrol Co.]) durch Behandeln von Bentonite mit Säure (Salzsäure, Schwefelsäure) und Entfernen der entstandenen löslichen Salze gewonnen wurde, wobei die Menge der Säure derart gewählt wurde, daß etwa die Hälfte der Tonerde aus dem Bentonitehydrosilikat herausgenommen wurde.

Auch ging Baylis (A.P. 1781265) in der Weise vor, daß er Ton der aktivierbaren Bentonitetype mit einer hoch ionisierten Mineralsäure (Schwefelsäure von 15—35% Gehalt) behandelte und dann das Kristallisationswasser und die freie Säure durch Erhitzen auf 300—750° F austrieb.

Ähnliche Resultate erhielt er (A.P. 1792625) durch Entfernen des gesamten, freien und des Kristallwassers durch Erhitzen auf über 300° F und Mischen mit wasserfreier Schwefelsäure.

Nach dem A.P. 1796799 (R. E. Manley und M. L. Langworthy [Texas Co.]) wurde Ton zwecks Überführung in ein Ölentfärbungsmittel mit einer verdünnten Schwefelsäure (4—12%ige) erhitzt.

Auch W. S. Baylis (A.P. 1819496 [Filtrol Co.]) extrahierte Ton mit einer verdünnten anorganischen Säure (12—20%ige Schwefelsäure) bei erhöhter Temperatur.

Der Genannte (A.P. 1823230) mischte ferner den Ton in pulverisiertem Zustande mit Dampf und Säure, indem er das Dampf-Säuregemisch in einen Luftstrom, der den Ton mit sich führte, einführte, worauf der Dampf kondensiert, der Ton und ein Teil des Wassers aus der Luft abgetrennt wurde.

Zwecks Entfernung des Wassers aus der rohen Fullererde wurde diese in Berührung mit zu krackenden Petroleumölen in der Blase unter den Krackbedingungen (Temperatur und Druck) gebracht (H. L. Pelzer, A.P. 1831635 [Sinclair Refining Co.]).

Die durch Behandeln von Tonen mit Schwefelsäure erhaltenen Aluminiumsulfatanteile extrahierte J. D. Haseman (A.P. 1838621) mit einer Mineralsäure (Schwefelsäure).

Fullererde, Floridaerde o. dgl. wie Death Valley-Ton, Bentonite, Bauxite und Kieselsäure führte J. C. Morrell (A.P. 1844476 [Universal Oil Products Co.]) mit Hilfe verdünnter Flußsäure in besser wirkende Bleichmittel über.

Als Entfärbungs-, Filter- und Bleichmittel können ferner die Massen dienen, die nach Vorschlag von H. T. Woodward (A.P. 1873520 [California Chemical Corp.]) durch Einwirkenlassen von Kieselsäure auf ein Erdalkaliborat in Gegenwart von Wasser und Entfernen der frei gewordenen Borsäure, sowie Trocknen des Produkts erhalten werden.

Z. B. setzt man Handelsborsäure zu Magnesiumoxyd, -hydroxyd oder künstlichem Magnesiumkarbonat, das in Wasser suspendiert ist.

C. Tietig (A.P. 1890474) aktivierte Ton durch Brennen mit einem Gemisch von Wasserstoff und Chlor (Flammen) und Zusatz von Wasser zu den gebildeten Salzsäuregasen.

Weiterhin erzeugte E. E. Roll (A.P. 1913960 [H. Schmitt]) Ölentfärbungsmittel aus Ton, indem er diesen erhitzte und sodann mit einer Säure (Schwefel- oder Salzsäure) extrahierte.

Zur Aktivierung von Ton der Bentonit- oder Montmorillonittype benutzte F. W. Huber (A.P. 1926148) 7—35% konzentrierte Säure (Schwefelsäure) erhitzte und rührte ihn heftig um, worauf das Gemisch stehen gelassen und schließlich dekantiert wurde.

Bentonit, Indianait, Haloysit usw. aktivierte J. D. Haseman (A.P. 1929113), indem er diese Stoffe auswusch, mit Salzsäure behandelte, nochmals wusch, mit Schwefelsäure behandelte, wiederum wusch, trocknete und pulverisierte.

Wasserhaltige oder hydratisierte Silikate sollen in einfacher Weise erhalten werden (E. W. Rembert, A.P. 1945534 [Johns-Manville Corp.]), wenn man fein verteiltes kieselsäurehaltiges Material und eine basische Verbindung, wie Oxyde oder Hydroxyde der Erdalkalien des Zinks, Eisens und Aluminiums usw., in Gegenwart von Wasser und Alkali miteinander zur Reaktion bringt.

Zum Entfärben vegetabilischer Öle, organischer Öle anderer Herkunft und Fette brauchbare Massen erzeugten D. S. Belden und W. Kelley (A.P. 1946124 [Filtrol Co.]) durch Mischen von aktiviertem Ton (Brei) und fein zerteiltem Ton (lufttrocken) und Erhitzen des Gemisches auf 212—600° F.

Auch erhitzte Huber (A.P. 1976127) Bleicherden oder Tone mit 5—35% konzentrierter Schwefelsäure auf 150—300° C, brachte das Gemisch mit Wasser zusammen, trennte die erhaltene Lösung von den festen Anteilen und trocknete letztere.

Die patentierten Verfahren der Herstellung von Bleicherden, insbesondere der gekörnten Erden besprach F. Krczil[1].

3. Eigenberichte aus der Industrie der Bleicherden.

Die Vereinigten Bleicherdefabriken A.G. (Eigenbericht).

Die „Sirius-Werke A.G. Deggendorf" sind mit dem „Tonwerk Moosburg" und den „Tonsilwerken Schönebeck" seit dem Jahre 1930 zu den „Vereinigten Bleicherdefabriken A.G." zusammengeschlossen.

Die von ihr hergestellten Bleicherden sind:

Terrana Extra, besonders geeignet zur Entfärbung von Soja-, Lein-, Oliven-, Sulfuroliven- und Rüböl; ferner für Mineralöle, Paraffine, Trane und Fettsäuren.

Terrana A, superior, geeignet zur Entfärbung von Rüböl, Maisöl, Palmöl, Weißöle, leichte Mineralöle und Knochenfette.

Terrana Spezial, geeignet zur Bleiche von Sonnenblumenöl, Erdnußöl und Sesamöl.

Terrana D, eine vollkommen neutrale Erde, geeignet zur Entschleimung von Pflanzenöl und zur Neutralisation von sauren Mineralölen.

[1] Krczil, F.: Allg. Öl-Fett-Ztg. 28, S. 63—64, 1931.

Terrana 60 C, eine Spezialmarke zur Entfärbung von Paraffin, Zeresin, Montanwachs und Bienenwachs.

Terrana 35 C, eine etwas schwächer wirkende Marke als Terrana 60 C; besonders geeignet für leicht bleichende Bienenwachssorten, Paraffinum liquidum und Cottonöle.

Terrana 13 C, geeignet zur Entfärbung von Kokosöl, Palmkernöl, Schweinefett und frischem Talg.

Granosil, eine gekörnte hochaktive Bleicherde, besonders zu empfehlen für die Bleichung von Mineralölen in der Dampfphase; ferner geeignet zur Füllung von Perkolatoren. Granosil, feingekörnt, geeignet zur Entfärbung von nichtgesäuerten Mineralöldestillaten.

Tonsil AC, besonders geeignet zur Entfärbung von Soja-, Lein-, Sulfuroliven-, Rüb- und Mineralöle, ferner für Paraffin, Tran, Fettsäuren und Erdnußöl.

Tonsil ACA, geeignet zur Entfärbung von leicht bleichendem Rüböl, Maisöl, Olivenöl, Palmöl, Weißölen, leichten Mineralölen.

Tonsil K, hervorragend geeignet zur Bleichung von Knochenfett.

Tonsil Spezial, in verschiedenen Varianten, besonders geeignet zur Bleiche von Sonnenblumenöl, Erdnuß- und Sesamöl, sowie für Mineralöle.

Tonsil 13 und Tonsil 6. Diese beiden Marken reagieren absolut neutral und sind besonders geeignet zur Entschleimung von Pflanzenölen und zur Abscheidung des Säureharzes aus Mineralölen. Ferner eignet sich unter Tonsil 13 zur Bleiche von Rizinusöl und leicht bleichendem Sesam- und Sonnenblumenöl.

Tonsil 60 C, eine Spezialmarke zur Entfärbung von Paraffinen, Bienenwachs, schwer bleichendem Schweinefett und Talg, sowie für manche Sulfurolivenöle und Cottonöle.

Tonsil 35 C, eine etwas milder wirkende Spezialmarke als Tonsil 60 C, besonders geeignet zur Behandlung von leicht bleichenden Sorten Bienenwachs, von Cottonöl und Weißölen.

Tonsil 13 C, eine Erde, welche besondere Vorteile bei der Entfärbung von Kokos-, Palmkern-, leicht zu entfärbendem Cottonöl, frischem Schweinefett und manchen Sorten Sonnenblumenöl bietet.

Die chemische Analyse ist für die Beurteilung einer Bleicherde von untergeordneter Bedeutung. Im Durchschnitt ist die Zusammensetzung folgende:

72,5% SiO_2, 13% Al_2O_3, 5% Fe_2O_3, 1,5% MgO, 0,8% CaO, 7,2% Glühverlust.

Terrana und Tonsil werden gebrauchsfertig geliefert und bedürfen vor ihrer Verwendung keiner weiteren Behandlung mehr. Zur Erhaltung der hohen Adsorptionskraft ist es notwendig, besonders sorgfältig mit Bleicherde zu verfahren. Bekanntlich neigen alle auf physikalischer Grundlage wirkenden Adsorptionsmittel zur Alterung, d. h. bei längerer unsachgemäßer Lagerung verlieren sie sehr rasch ihre gute Wirkung. Diese Erscheinung wird erheblich verzögert und eingedämmt, wenn die genannten Produkte sorgfältig gelagert werden. Grundbedingung ist, daß die Bleicherde trocken gestapelt wird, so daß die Möglichkeit einer Wasseraufnahme so gut wie ausgeschlossen bleibt. In kalter und feuchter Jahreszeit ist es von Vorteil, wenn die Erde in schwach geheizten Räumen zur Lagerung kommt. Eine hochaktive Bleicherde, welche feucht geworden ist, läßt sich selbst durch nochmaliges Trocknen nicht mehr auf die ursprüngliche Leistungsfähigkeit bringen. Die Verwendung zu feuchter Bleicherde hat ferner noch den Nachteil, daß die Filtrationsgeschwindigkeit ungünstig beeinflußt wird und bei der Bleiche unliebsame Nebenwirkungen auftreten können.

Die Wirtschaftlichkeit zweier Bleicherden läßt sich an Hand folgender Formel vergleichen:

$$X = \overbrace{\left(\frac{b}{100} \cdot h\right)}^{I} + \overbrace{\left(\frac{a}{100} \cdot \frac{i}{100} \cdot h\right)}^{II} - \overbrace{\left[\left(i - \frac{i \cdot k}{100}\right) \cdot \frac{h}{100} \cdot \frac{c}{100}\right]}^{III}$$

X = Bleichkosten pro 100 kg Öl.

a = Wert von 100 kg vorraffiniertem, getrockneten Öl.

h = Preis von 100 kg anzuwendender Bleicherde.

c = Wert von 100 kg des durch Extraktion aus dem Filterkuchen ewonnenen Öles.

h = der zur Erreichung einer bestimmten Aufhellung erforderliche Prozentsatz Bleicherde.

i = Ölrückstand im Filterkuchen, berechnet auf 100 kg angewandter Bleicherde.

k = Verlust an Öl bei der Extraktion, berechnet in Prozenten auf das im Filterkuchen vorhandene Öl.

Der Teil III der Formel fällt weg, wenn auf die Gewinnung des im Bleicherdekuchen enthaltenen Öles durch Extraktion verzichtet wird.

Es soll an dieser Stelle ausdrücklich darauf hingewiesen werden, daß zu einer einwandfreien Beurteilung der Aktivität einer Bleicherde die anzuwendenden Prozentsätze auf jeden Fall so gewählt werden müssen, daß das betreffende Öl nicht bereits ausgebleicht ist, d. h. so weit entfärbt ist, daß Unterschiede nicht mehr erkannt werden können.

Die gebrauchsfertig gelieferten Bleicherden Terrana und Tonsil werden im sog. Misch- oder Kontaktverfahren verwendet, d. h. das Öl wird auf die Bleichtemperatur erhitzt und dann die auf Grund von Laboratoriumsversuchen ermittelte Menge Bleicherde zugegeben. Bleicherde und Öl werden dann 20—30 Minuten lang kräftig durchmischt, dabei ist zu beachten, daß die Durchmischung so intensiv ist, daß die Bleicherde keine Gelegenheit hat, sich an toten Stellen im Bleichkessel abzusetzen. Der mechanischen Durchmischung mit Hilfe eines Rührwerkes ist gegenüber der Mischung mit Luft im allgemeinen der Vorzug

Abb. 14. Werkanlage der Bayerischen Aktien-Gesellschaft für chemische und landwirtschaftlich-chemische Fabrikate in Heufeld.

zu geben. Bei Speiseölen ist nach unserer Erfahrung die Luftmischung, wenn irgendmöglich, zu vermeiden. Nach der Mischung erfolgt die Filtration, die beim Laboratoriumsversuch am besten durch ein Faltenfilter und im Großbetrieb durch Filterpressen erfolgt. Ein Verzicht auf die Filterpresse (Trennung durch Dekantieren) ist nicht zu empfehlen,

Abb. 15. Tonabbaubetrieb der Bayerischen Aktien-Gesellschaft für chemische und landwirtschaftlich-chemische Fabrikate in Heufeld.

da sonst ein völlig klares Öl nicht erzielt wird und überdies ein zu hoher Ölverlust entsteht.

Die Grubenbetriebe Gammelsdorf und Margarethenried liefern täglich 300 Waggons Erdbewegung durchschnittlich. Das in etwa 1 m Mächtigkeit anstehende Rohmaterial wird aus bis zu 20 m Tiefe gewonnen, nach Qualität sortiert und nach den Verarbeitungsbetrieben in Moosburg, Deggendorf, Schönebeck und Großenrode gebracht.

Je nach seinem Verwendungszweck wird die Roherde einer genau kontrollierten Säurebehandlung unterworfen, sodann gewaschen, getrocknet, gemahlen, gesichtet und in Säcke gefüllt.

Bayerische Aktien-Gesellschaft für chemische und landwirtschaftlich-chemische Fabrikate (Eigenbericht).

Die Bayerische Aktiengesellschaft für chemische und landwirtschaftlich-chemische Fabrikate in Heufeld (vgl. Abb. 14) befaßt sich im Anschluß an ihre Säurefabrikation seit etwa einem Jahrzehnt auch mit der Herstellung von aktivierter Bleicherde. Das geeignete Rohmaterial hierzu steht ihr aus eigenen Grubenfeldern (vgl. Abb. 15) zur Verfügung. Die Tonvorkommen der Gesellschaft sind mengenmäßig auf lange Sicht hinaus ausreichend, und qualitativ von vorzüglicher Beschaffenheit. Die daraus erzeugten Produkte sind im Handel unter dem Namen „Clarit".

Die Verarbeitung des Rohmaterials erfolgt im Werk Heufeld nach eigenen, der Gesellschaft patentierten Verfahren unter Verwendung von Salzsäure als Aktivierungsmittel. Es werden für die einzelnen Verwendungszwecke verschiedene Qualitäten erzeugt, als Spitzenprodukt die in der ganzen Ölindustrie bekannte Marke „Clarit Standard A". Die jeweils für ein gegebenes Öl bestgeeignetste Qualität kann häufig nur durch enge Zusammenarbeit mit den Ölraffinerien ermittelt werden. Die Fabrikation von Bleicherde hat deshalb auch vielfältige Erfahrung auf dem Gebiete der Ölraffination zur Voraussetzung, ein Umstand, dessen Außerachtlassung manche Neugründungen auf dem Gebiete der Bleicherdefabrikation zum Scheitern verurteilt hat.

4. Die Verwendung der Bleicherden.

a) Die Verwendung der Bleicherden zur Reinigung von Ölen, Fetten, Wachsen u. dgl.

Die Verwendung der Bleicherde Carlonit zum Ölreinigen empfahl E. Belani[1].

Die Oxydationsbleiche für Öle aller Art, sowie Fette unter Verwendung von Bleicherden besprach B. Hassel[2].

Für ein dunkles Schmieröl wurde das Entfärbungsvermögen von bei 130° C getrockneter Bleicherde und Silicagel von E. Bosshard und W. Wildi[3] untersucht.

[1] Belani, E.: Seifensieder-Ztg. **59**, S. 654—657, 1932.
[2] Hassel, B.: Seifensieder-Ztg. **56**, S. 325—327.
[3] Bosshard, E. u. W. Wildi: Helvet. chim. acta **13**, S. 572—586, 1930.

Bei der Kontaktfiltration von Bradfordölen ist nach F. R. Staley[1] die Menge der notwendigen Erde auf die Gallone von der Art der Erde und dem zu behandelnden Öl abhängig.

Eingehend ist die Entfärbung des Petroleums durch Bleicherden von K. Kobayashi und K. Yamamoto[2] studiert worden.

Floridin und Silicagel nahmen aus dem Balachan-Ssabuntschiner Petroleum, Harz und harzähnliche Stoffe auf[3].

Bei Versuchen über die Raffination von Mineralölen mit Bleicherden und Silicagel stellte B. Saladini[4] fest, daß erstere stark entfärbte und beträchtlich entschwefelte, Silicagel dagegen stärker entschwefelte, aber weniger stark entfärbte als Bleicherde. Am günstigsten wirkte Bauxit.

Beobachtungen über das Verhalten der Bleicherde bei der Trockenraffination der Mineralöle teilte Eckart[5] mit.

Die Entfärbung vegetabilischer Öle durch Behandeln mit Floridin, Tonsil AC, Frankonit und einem schwedischen Bleichmittel untersuchte A. Wiberg[6].

Die Raffination von Spindelölen mit Frankonit hat S. Gasiorowski[7] untersucht.

Der Ersatz der Floridaerden bei der Reinigung roher Krackbenzine durch russische Tone erschien P. Grigorjew und A. Polinkowskaja[8] auf Grund von Versuchen nicht angängig.

Die Einwirkung der aktivierten Bleicherden auf gesäuerte Schmieröle hat E. Schneller[9] untersucht.

Die an Transformatoren- und Zylinderöle zu stellenden Anforderungen, sowie das Reinigen gealteter Öle durch Filtrieren durch Walkererde erörterte H. Prelinger[10].

Mit Hilfe von Ejektoren lassen sich pulverige Bleicherden in strömendes Öl einführen[11].

Die stufenweise Entfärbung von Ölen mit Bleicherden empfahl H. Schönfeld[12].

---

[1] Staley, F. R.: Petroleum Engineer **2**, Nr. 12, S. 29—30, 1931.

[2] Kobayashi, K. u. K. Yamamoto: Journ. Soc. chem. Ind. Japan (Suppl.) **33**, S. 428 B—429 B u. 430 B—431 B, 1930.

[3] Wassiljew, N. A. u. L. W. Shirnowa: Petroleum- u. Ölschieferind. **17**, S. 707—712, 1929.

[4] Saladini, B.: Atti III Congresso Nazionale Chim. pur. appl. Fierenze e Toscana 1929, S. 584—606.

[5] Eckart: Allg. Öl- u. Fett-Ztg. **28**, Nr. 6.

[6] Wiberg, A.: Teknisk Tidskr. Kemi **58**, S. 4—7.

[7] Gasiorowski, S.: Przemysl Chemiczny **11**, S. 466—472.

[8] Grigorjew, P. u. A. Polinkowskaja: Journ. chem. Ind. **5**, S. 943—944.

[9] Schneller, E.: Petroleum **22**, S. 123—127, 1926.

[10] Prelinger, H.: Zellstoff u. Papier **7**, S. 528, 1927.

[11] Flügel, R.: Petroleum **28**, Nr. 17, S. 10—12, 1932.

[12] Schönfeld, H.: Allg. Öl- u. Fett-Ztg. **26**, S. 549, 1929.

Um die Bleichwirkung von Bleicherden zu prüfen, empfahlen C. Ma und J. R. Withrow[1] einminütiges Rühren des Öles bei 92—125° C mit der Erde.

Eine Zusammenstellung über die Verwendung von Bleicherden in der Mineralölindustrie veröffentlichte Typke[2].

Japanischer, saurer Ton mit Nickelüberzug förderte die Hochdruckhydrierung von fetten Ölen (Sojabohnenöl)[3].

Nach Beobachtungen von L. Ljalin und N. Warigina[4] sollen die russischen (erhitzten) Tone die anderer Länder bei der Reinigung von Sonnenblumenöl ersetzen können.

Nach von der Heyden und Typke[5] genügt meist eine Behandlung gebrauchter Öle mit Bleicherden vollständig zur Regenerierung der ersteren.

Über die Anwendung von hydrosilikathaltigen Bleicherden für die Adsorption von Asphalt aus Mineralölen hat H. Herbst[6] gearbeitet.

Versuche über das Verhalten von Bleicherden in sauren Ölen hat L. Pick[7] angestellt.

Die Bleichung der Öle mit Bleicherden bildet den Gegenstand der Abhandlung von J. Davidsohn[8].

Zum Bleichen von Knochenfetten, die mit Benzin oder Benzol extrahiert wurden, schlug C. Dittler[9] Behandlung mit 1—2% Schwefelsäure (50° Bé) mit darauffolgender Einwirkung von Bleicherde vor.

Auch B. Neumann und S. Kober[10] haben die Bleichwirkung der Bleicherden auf Öle eingehend untersucht.

Über die chemische Wirkung der Bleicherden auf Öle hat O. Eckart[11] berichtet.

Die Verwendung von Bleicherden in der Fettindustrie Rußlands erörterte E. Maschkillejsson[12].

Die Leprince & Sieveke A.G. (DRP. 438754) reinigte Kohlenwasserstoff(öle) durch Destillation dieser, nachdem sie mit Bleicherde in wenigen Prozenten versetzt worden waren.

---

[1] Ma, C. u. J. R. Withrow: Ind. engin. Chem. Analyt. Edition **2**, S. 374 bis 377, 1930.

[2] Typke: Petroleum **24**, S. 673—692.

[3] Tanaka, Y. u. R. Kobayashi: Journ. Soc. chem. Ind. Japan (Suppl.) **35**, S. 29 B—30 B, 1932.

[4] Ljalin, L. u. N. Warigina: Journ. chem. Ind. **4**, S. 882—885, 1927.

[5] Heyden, von der u. Typke: Ztschr. Ver. Dtsch. Ing. **70**, S. 401—462.

[6] Herbst, H.: Petroleum **22**, S. 424—425.

[7] Pick, L.: Allg. Öl- u. Fett-Ztg. **27**, S. 291—294, 1930.

[8] Davidsohn, J.: Öl-Fett-Ind. (Moskau) 1926, Nr. 7—8 u. 10—17.

[9] Dittler, C.: Seifensieder-Ztg. **58**, S. 830—831, 1932.

[10] Neumann, B. u. S. Kober: Ztschr. angew. Chem. **40**, S. 337—349.

[11] Eckart, O.: Seifensieder-Ztg. **54**, S. 82—83 u. 103.

[12] Maschkillejsson, E.: Öl-Fett-Ind. 1929, Nr. 12, S. 27—32.

Gebrauchte Schmieröle regenerierte die Firma Hermann Bensmann (DRP. 472184) unter Verwendung von Polymerisationsmitteln und Bleicherde.

Paraffin reinigte die Werschen-Weißenfelser Braunkohlen-A. G. (DRP. 475343) in festem oder flüssigem Zustande durch Bestrahlen mit kurzwelligen Strahlen und Behandeln mit Bleicherde.

H. Bollmann (DRP. 480345) bleichte fette Öle, Mineralöle usw. kontinuierlich mit Bleicherde.

Ferner destillierte die I. G. Farbenindustrie A. G. (DRP. 505927) Rohmontanwachs in Gegenwart von Bleicherde.

Zur Reinigung des Isolieröls bei Ölschaltern im Betriebe brachte A. Stauch (DRP. 507965 [Siemens-Schuckertwerke A. G.]) an dem Boden oder an den Wänden Kieselsäuregel an.

A. Godal (DRP. 520475) ließ dem Behandeln von aus marinen Ölen stammenden Fettsäuren mit konzentrierter Schwefelsäure gegebenenfalls eine Bleichung mit Bleicherde folgen.

Fullererden benutzte die I. G. Farbenindustrie A. G. (DRP. 523201) zum Reinigen von Montanwachs in besonderer Weise.

Die nach DRP. 454407 und 486075 hergestellte saure Kohle verwendete die Carbo-Norit-Union Verwaltungsgesellschaft m. b. H. (DRP. 532211) im Gemisch mit Bleicherde zum Entfärben und Reinigen von Ölen und Fetten.

Wachse in gelöstem Zustande entfärbte R. von Grätzel (DRP. 532298) mit Bleicherde im geschlossenen Gefäß unter Druck.

Um die Sauerstoffbeständigkeit von Isolierölen, die aus alkylierten, insbesondere durch mehrere Alkylgruppen substituierten Naphthalinen bestehen, zu erhöhen, destillierte R. Michel (DRP. 532429 [I. G. Farbenindustrie A. G.]) über Bleicherden u. dgl.

Mit Bleicherde behandelte die Standard Oil Development Co. (DRP. 557740) die Schmieröldestillate des Erdöls oder Teers in kleinen Abtreibekolonnen.

Die Berliner Städtischen Elektrizitätswerke A. G. und E. Wilm (DRP. 561444) stellten eine Vorrichtung zum Reinigen von Mineralölen mit Bleicherde her, bei der ein Mischgefäß über einen Absperrhahn mit einem Trenngefäß verbunden ist.

Zum Reinigen von Kohlenwasserstoffdämpfen mittels Fullererde empfahl die Imperial Oil Limited (DRP. 581635) eine Rektifizierkolonne.

F. C. Thiele und C. Cordes (E. P. 154895) erhitzten pechreiche Petroleumrohöle oder Petroleumrückständen mit Hydrosilikaten oder solche enthaltenden Stoffen (Fullererde, Kambaraerde usw.) mehrere Stunden auf 200—300° C. Auf diese Weise wurden unter Bindung der Verunreinigungen an die Bleicherden Schmier- und Zylinderöle erhalten.

Die N. V. Bataafsche Petroleum-Maatschappy (E.P. 313523) reinigte Mineral- insbesondere Schmieröle mit Schwefelsäure, Bleicherde und schließlich mit warmer, verdünnter Alkalihydroxydlösung.

Die I. G. Farbenindustrie A. G. (E.P. 345738) raffinierte rohe Kohlenwasserstoffe (Mineralöle, Teere, synthetische Öle) durch Entfernen der verharzenden oder sich bei 400° C in Gegenwart von Wasserstoff zersetzenden Produkte durch Behandeln mit Fullererde.

Öle aller Art reinigte C. Randaccio (F.P. 670366) erst mit Zinkchlorid und nach Entfernung des damit gebildeten Niederschlages mit Fullererde.

Zum Reinigen von Kohlenwasserstoffen ließen L. M. Johnston und J. L. Farrell (A.P. 1706614) die Dämpfe der Ersteren durch eine Kammer strömen, in die fortlaufend eine strangförmige Paste aus Fullererde und Wasser eingebracht wird.

Schwere Kohlenwasserstofföle der Petroleumdestillation destillierte A. E. Miller (A.P. 1714097 [Sinclair Refirning Company]) bei etwa 350° C und gewöhnlichem Druck über Fullererde.

Paraffinwachs schieden E. B. Philipps und J. G. Stafford (A.P. 1714133 [Sinclair Refining Co.]) aus Schmierölen mit Fullererde unter Kühlung ab.

Die Entschwefelung gekrackter Mineralöldestillate bewirkten G. Egloff und J. C. Morrell (A.P. 1724068 [Universal Oil Products Co.]) durch Behandlung mit einer Lösung von Kupfersulfat in Schwefelsäure, worauf die Destillate mit Alkali, Wasser und Adsorptionserden gereinigt werden.

Beim Raffinieren von Kohlenwasserstoffen in Dampfform schickt sie die Sinclair Refining Co. (A.P. 1736022 und 1735988 [T. de Colon Tifft und A. C. Vobach bzw. F. A. Apgar) durch Fullererde.

Bienenwachs empfahl die Darco Sales Corp. (A.P. 1739796 [P. Mahler]) mit einem Gemisch von Tier- oder Pflanzenkohle und Fullererde zu bleichen.

Paraffindestillate reinigte E. Pettey (A.P. 1750646 [De Laval Separator Co.]) mit verdünnter Schwefelsäure, Natronlauge, Wasser, und trennte die Bestandteile Öl und Paraffin durch Zentrifugieren und behandelte beide getrennt mit Fullererde.

Ein insbesondere zur Ölreinigung bestimmtes Filter hat W. J. Clayes (A.P. 1831094) konstruiert. Es besitzt einen siebförmigen, mit Membran ausgestatteten Träger und über diesem mehrere Lagen von Fullererde.

Zum Reinigen von Ölen und Rohzuckerlösungen brachte R. G. Tellier (A.P. 1839060 [F. B. Jackson]) ein Mittel in Vorschlag, das durch Einwirkenlassen von konzentrierter heißer Sulfitlauge auf gekörnten, in seinen Eigenschaften der Florida-Fullererde gleichenden Ton entsteht (vgl. hierzu ferner A. P. 1839062).

Zur Entfärbung von Mineralölen mischten W. S. Baylis und D. S. Belden (A.P. 1898165 [Filtrol Co. of California]) das zu entfärbende Öl mit Wasser und Bleicherde, setzten gegebenenfalls Schwefelsäure zu und erhitzten auf 250—750° F. Darauf setzte man nochmals Bleicherde zu, erhitzte auf geringere Temperatur und trennte dann Öl und Erde.

b) Die Verwendung von Bleicherden zu verschiedenen sonstigen Zwecken.

Zur Trennung von Stoffen behandelte die I. G. Farbenindustrie A. G. (E.P. 249550 (Aktien-Gesellschaft für Anilin-Fabrikation]) Gemische mit einem Lösungsmittel in Gegenwart von Fullererde, die den gelösten oder ungelösten Teil adsorbierte.

Gerbend wirkende Oxydationsprodukte von rezenten Stoffen pflanzlicher Herkunft (Stein-, Braunkohle, Torf) erhielt die A. G. für Chemiewerte (DRP. 486830) durch Behandeln mit Salpetersäure in Gegenwart von Fullererde.

Ungesättigte Verbindungen (Cyklohexan) lassen sich mit Hilfe von Bleicherden in flüssigem Zustande aus den entsprechenden Hydroxylverbindungen, z. B. Cyklohexanol, herstellen (DRP. 451535, E. Freund [Chemische Fabrik auf Aktien, vorm. E. Schering]).

Zur Adsorption von Gasen und Dämpfen verwenden E. Hüttemann und W. Czernin (DRP. 607930) Hydrosilikate, -aluminate und -ferrite. Diese Verbindungen werden dadurch gewonnen, daß man ein Oxyd bzw. Hydroxyde der Erdalkalien oder des Magnesiums einerseits und Kieselsäure, Tonerde und Eisenoxyd, je für sich oder gemeinsam, andererseits in äußerst feiner Vermahlung enthaltendes Gemisch in Gegenwart von Wasser, vorzugsweise mit Hilfe gespannten Dampfes zur Reaktion bringt und die entstandenen vor oder nach der Reaktion geformten Produkte durch Erhitzen bzw. Trocknen aktiviert.

V. A. Marchal (F.P. 683959) empfahl zum Reinigen bzw. Polieren von Metallen Gemische von Fullererde, Öl und Talk, denen Gips, Terpentinöl, Ammoniak, Bimsstein usw. zugesetzt werden können.

Die Beseitigung des auch in den Wintermonaten in Abwässern von Ölraffinerien auftretenden üblen Geruchs führte G. D. Norcom[1] mit etwa 5,8 g Bleicherde auf den Kubikmeter der Abwässer durch.

Pflanzenextrakte (Pyrethrumextrakte) lassen sich mit Bleicherden entfärben Standard Oil Development Co., Austr. P. 24133 (1929).

Die Reinigung chemischer Produkte mit Hilfe von Fullererde und Kieselsäuregel besprach M. Schofield[2].

Langjährige Versuche der Trinkwasserreinigung durch aktive Erden führte die Stadt Magdeburg durch[3].

[1] Norcom, G. D.: Water Works Sewerage **80**, S. 53—54.
[2] Schofield, M.: Chem. News **136**, S. 372—373.
[3] Koenig, O.: Gas- u. Wasserfach **72**, S. 1065—1072, 1091—1099, 1929.

Kohle wurde nach dem Vorschlage von H. S. Mark (A.P. 1748787) mit basischen Farbstoffen (Methylenblau, Methylviolett usw.), die von Fullererde aufgesaugt sind, durch Aufsprühen gefärbt.

Als Dispersionsmittel bei der Herstellung von Emulsionen aus Asphalt oder anderen bituminösen Stoffen unter Verwendung von Bentonit als Emulgiermittel setzte L. Kirschbraun Fullererde zu (A.P. 1738906).

Wie T. R. Briggs und F. H. Rhodes[1] ermittelten, steigert Fullererde die Reinigungswirkung der Natronlauge bei der Entfernung der Druckerschwärze aus Papier.

An der Oberfläche von Fullererde oxydierte F. M. Kuen[2] Fruktose, Hexosephosphorsäuren, Glukosamindikarbonsäure, Brenztraubensäure, Dioxyazeton, β-Oxybuttersäure. Dagegen trat bei der Einwirkung von Sauerstoff auf Glukose, Galaktose, Arabinose, Saccharose und Leuzin in Gegenwart von Fullererde Oxydation nicht ein.

Fullererde hat bei der alkoholischen Gärung Eigenwirkung aufzuweisen[3].

Bei der Bios-Prüfung (in der Hefe) hat Fullererde Verwendung gefunden[4].

Als Adsorptionsmittel für das antineuritische Vitamin aus Bierhefe hat sich die Fullererde bewährt[5].

Fullererde ist intravenös injiziert worden[6].

Bitumenemulsionen erhielt W. H. Schmitz (DRP. 530420) aus Raffinationsabfällen der Schmierölfabrikation unter Verwendung von Aufschlämmungen von Bleicherde oder Bleicherderückständen in alkalischer Lösung.

Durch fein verteilte Walkerde in Form einer Schicht leitete die Sinclair Refining Co. (DRP. 475836) Kohlenwasserstoffe wiederholt behufs Spaltung.

In Gegenwart von Bentonit o. dgl., den man kolloidal darin verteilt hat, spaltete M. B. Schuster (DRP. 521052) schwere Kohlenwasser durch Druck und Wärme.

E. von Pongratz und H. Zorn (DRP. 525669 [I. G. Farbenindustrie A. G.]) gewannen Öle aus metallhalogenidhaltigen Raffinations-, Kondensations- bzw. Polymerisationsrückständen durch trokkene Destillation in Gegenwart von Bleicherde.

---

1 Briggs, T. R. u. F. H. Rhodes: Colloid Symposium Monograph **65**, S. 677 bis 679.

2 Kuen, F. M.: Anz. Akad. Wiss. Wien, Math.-naturwiss. Kl. 1933, S. 98—99.

3 Greig-Smith, R.: Proceed. Linneau Soc. New-South Wales **51**, S. 134 bis 136, 1926.

4 Williams, R. J., J. L. Wilson u. F. H. von der Ahe: Journ. Amer. chem. Soc. **49**, S. 227—235.

5 Seidell, A.: Journ. biol. Chemistry **67**, S. 593—600.

6 Hanslik, P. J., F. de Eds u. M. L. Tainter: Arch. of internat. Med. **36**, S. 447—506.

Kohlenwasserstofföldämpfe spaltete die Gewerkschaft Kohlenbenzin (DRP. 585609) katalytisch, indem sie diese mit Wasserdampf über aktivierte Bleicherde bei 300—550° C, sodann bei 300—450° C über mit Nickel, Kobalt, Kupfer o. dgl. imprägnierten Bimsstein und schließlich bei 150—300° C über mit den genannten Metallen oder Metalloxyden imprägnierte Bleicherde leitete.

Vor, nach oder zwischen der chemischen Bleiche von Ölen, Fetten, Wachsen u. dgl. mit oxydierend wirkenden Bleichmitteln behandelte E. Scheller (DRP. 595126) die Öle usw. mit Bleicherde.

III. Das Regenerieren von Kieselsäuregelen, Bleicherden u. dgl.

F. Pollmann[1] kam auf Grund von Versuchen zu der Überzeugung, daß aus gebrauchten, ölhaltigen Bleicherden sich durch Extraktion bei schonender Behandlung und richtiger Extraktion sehr helle und hell verseifbare Öle wieder gewinnen lassen.

Die in den Bleicherden verbleibenden Paraffinanteile lassen sich nach R. Fussteig[2] dadurch fast vollkommen gewinnen, daß man die Bleicherderückstände mit Gasöl auswäscht und das Anreichern der Extraktionsmittel an Paraffin ermöglicht.

O. Eckart[3] machte die Erfahrung, daß gebrauchte Bleicherden sich durchschnittlich lediglich auf 60% ihrer ursprünglichen Aktivität regenerieren lassen.

Nach K. Müller[4] ist die fast vollständige Regenerierung lediglich auf dem nassen Wege möglich.

E. W. Zublin[5] empfahl die Regeneration gebrauchter körniger Bleicherden durch Auswaschen mit Benzin und darauffolgendes Brennen oder durch mehrstufiges Extrahieren mit einem organischen Lösungsmittel.

Roherden lassen sich nach Erfahrungen von E. Herrndorf[6] im Autoklaven durch Erhitzen mit Wasser, Salz und Alkali, nur schwierig entölen gegenüber den aktivierten Erden.

Bei Fullererde, Magnasil und Filtrol fand B. Hassel[7] nach der Entfettung durch Rösten eine Wiedergewinnung der ursprünglichen Bleichkraft zu 77, 57,5 bzw. 68% statt.

---

[1] Pollmann, F.: Seifensieder-Ztg. **56**, S. 256—297.
[2] Fussteig, R.: Petroleum **26**, S. 627—628, 1930.
[3] Eckart, O.: Seifensieder-Ztg. **58**, S. 200—201, 1931.
[4] Müller, K.: Seifensieder-Ztg. **58**, S. 260, 1931.
[5] Zublin, E. W.: Oil Gas Journ. **31**, S. 12, 1932.
[6] Herrndorf, E.: Seifensieder-Ztg. **60**, S. 238—239, 1930.
[7] Hassel, B.: Seifensieder-Ztg. **57**, S. 722—724, 1930.

Zwecks Entölung von Bleicherden ging G. de Salvo[1] in der Weise vor, daß er zunächst das Öl extrahierte, sodann die Erde mit heißer verdünnter Schwefelsäure behandelte, in einer Drehtrommel mit siedendem Wasser wusch, in der Drehtrommel trocknete, auf offenem Herde auf 300—400° C erhitzte und schließlich auf dem Kollergang mahlte.

Zum Kühlen zerkleinerter, heißer Bleicherden empfahl J. O. Jensen (A.P. 1619577) sie der kühlenden Wirkung eines Luftstromes wiederholt auszusetzen.

Die während der Bleichung von Ölen von der Bleicherde aufgesaugte Ölmenge kann nach der Gleichung:

$$x = \frac{A \cdot p}{100 - p}$$

berechnet werden. In dieser ist A die Gewichtsmenge der angewendeten Bleicherde, p der Prozentgehalt an Öl. Letzteren ermittelt man durch erschöpfende Extraktion der ölhaltigen Bleicherde, wie diese aus der Filterpresse kommt[2].

Eine Betrachtung über den Stand der Bleicherdeextraktion veröffentlichte B. Scheifele[3].

Über die Regenerierung gebrauchter Fullererde in einer Fabrik der Empire Réfineries in Okmulgee, Oklahama durch Brennen im Erzröstofen ist von L. Stein[4] berichtet worden.

Über Bleicherdeentfettung hat E. Herrndorf[5] berichtet.

Es folgen nunmehr die patentierten Neuerungen auf dem Gebiete der Regenerierung der genannten Bleichmittel.

Walkerde, fetter Ton o. dgl. wurden nach der Erfindung von R. R. Rosenbaum (DRP. 476398, E.P. 284327) nach ihrem Gebrauch und ihrer Erschöpfung (bei der Filtration von Kohlenwasserstoffen, Ölen, Fetten, Wachsen usw.) durch Behandeln mit flüssigem Schwefeldioxyd, am besten unter Druck, regeneriert. Nach der Auswaschung wurde das Schwefeldioxyd vergast und entfernt.

Die Gewinnung von Ölen und Fetten aus Bleicherde führte K. Bandau (DRP. 485596 [Willy Salge & Co., Technische Ges. m. b. H.]) mit Hilfe einer Kochsalz- und Sodalösung, gegebenenfalls unter Zusatz von sauerstoffabspaltenden Mitteln im Autoklaven unter Umrühren durch.

Zum Regenerieren gebrauchter Bleicherden und ebensolchen Kieselsäuregels benützte J. Herrmann (DRP. 499318) als Lösemittel für die aufgenommenen Stoffe Substanzen, die in ihrem Molekül gleichzeitig freie Alkohol- oder Ketongruppen und Äther- oder Estergruppen (Glykoläther) enthalten.

[1] Salvo, G. de: Giorn. Chim. ind. appl. **15**, S. 389—391, 1933.
[2] Heller, H.: Allg. Öl- u. Fett-Ztg. **24**, S. 599—600, 1927.
[3] Scheifele, B.: Seifensieder-Ztg. **54**, S. 945, 1927.
[4] Stein, L.: Chem. metallurg. Engin. **33**, S. 472—473.
[5] Herrndorf, E.: Allg. Öl- u. Fett-Ztg. **23**, S. 408.

Die Sträuli & Cie. (DRP. 515058) führte zu extrahierende Bleicherde vor der Extraktion durch leichtes Pressen in beliebig geformte, verhältnismäßig kleine und lose Preßstücke über.

Hier ist auch der Extraktionsvorrichtung zum Entölen für Bleicherden von P. L. Fauth (DRP. 520169) zu gedenken, bei dem in einem mit Dampfmantel umgebenen geschlossenen Gefäß ein mit Tuch belegter, zylindrischer Siebmantel und eine von letzterem umgebene Haube derart angeordnet sind, daß zwischen der Behälterwand, dem Siebmantel und der Haube nur zwei verhältnismäßig enge Räume verbleiben.

Ferner entölte die Willy Salge & Co., Technische Gesellschaft m. b. H. (DRP. 536751), mineralölhaltige Bleicherden gegebenenfalls nach saurer oder alkalischer Vorbehandlung in Gegenwart wässeriger Lösungen von Polysilikaten und Natriumchlorid.

Die Deutsche Gasolin A.G. (DRP. 542282 [J. K. Pfaff und A. Siewecke]) entölte Bleicherde mit verdünnter Säure bis über dem Siedepunkt der Säure.

Organische Stoffe enthaltende, adsorbierend wirkende Stoffe, wie ölhaltige Bleicherden werden nach dem DRP. 576852 der I. G. Farbenindustrie A. G. (M. Aschenbrenner und J. Eisele) von den organischen Stoffen befreit, indem man die Bleicherden usw. bei Anwesenheit von Stoffen, die von den aus der Bleicherde zu entfernenden organischen Stoffen besser als das Adsorptionsmittel aufgenommen werden, benetzt.

Vollständig belebte H. Gerstenberg (DRP. 605736) erschöpfte Bleicherden in der Weise, daß er diese mit flüchtigen Lösemitteln für Fette entfettete, sie alsdann mit Soda- oder Pottaschelösung bei erhöhter Temperatur wusch, gegebenenfalls nach vorheriger oder nachheriger Behandlung mit Salzsäure, unter Umrühren, die Masse abgoß, trocknet und sie unter Umständen einer Siebung und Windsichtung unterwarf.

Bei Anwesenheit von aktiver Kohle wurden die Massen nach dem Entölen, Waschen und Trocknen noch geglüht.

Gegen das Verfahren des DRP. 379124 (vgl. Hauptband S. 255) wandte sich H. Pomeranz[1] aus wirtschaftlichen Bedenken. Nach seiner Ansicht ist die fraktionierte Extraktion von ölhaltiger Bleicherde mit Benzin geeignet, hochwertiges Öl wieder zu gewinnen.

Sodann wurden gebrauchte Hydrosilikate nach dem A. P. 725091 (C. A. Meckerrow) im geschlossenen Gefäß mit Dampf behandelt, dann erhitzte man das letztere auch von außen, bis die organischen Stoffe zerstört waren. Schließlich wurden die Massen ohne äußere Beheizung durch Dampf in dem Gefäß bis 212° F erhitzt.

Säure (Schwefelsäure) verwendete C. M. Husted (A. P. 1256233 [Standard Oil Co.]) zum Regenerieren von Bleicherde (Fullererde) die zum Reinigen von Kohlenwasserstoffen gedient hat, in der Weise, daß

[1] Pomeranz, H.: Seifensieder-Ztg. **56**, S. 212—213.

er die Säure zu der in einer Kammer umgerührten Erde hinzusetzte, das Gemisch abzog und hierauf die Masse auswusch, absitzen ließ und nochmals wusch.

Zur Wiederbelebung von gebrauchten Bleicherden usw. ging F. W. Manning (A.P. 1475502 [Manning Refining Equipment Corp.]) in der Weise vor, daß er die zerkleinerten oder pulverisierten Erden einem Strom bzw. Strahl heißer Verbrennungsgase zusetzte und die Temperatur des Gemisches erhöhte. Diese Gase wirken infolge ihrer Zusammensetzung oxydierend bzw. reduzierend auf die in den Erden enthaltenen Öle usw.

Auch ließ sich der Genannte (A.P. 1513622 [Manning Refining Equipment Corp.]) einen Apparat zur Durchführung des angegebenen Verfahrens schützen. Dieser besteht aus einer (Schacht-) Kammer mit Auslässen für die Abgase an der Decke und einer Düse am Boden, durch die ein zentraler Strom von heißen Verbrennungsgasen zugeführt wird, durch den die pulverigen Erden mit emporgerissen werden.

Gebrauchte Walkerde wurde ferner von R. R. Rosenbaum (A.P. 1514731) mit Säuren wie Schwefel-, Salpeter-, Salz-, Essig- und Chromsäure, sowie gelöstes oder wasserfreies flüssiges Schwefeldioxyd behandelt, mit Ammoniak nachbehandelt und durch Erhitzen getrocknet.

Sodann führte L. A. Tarbox (A.P. 1613299 [Elmenton Refining Co.]) die Wiederbelebung von gebrauchter Fullererde (in kontinuierlicher Weise) dadurch aus, daß er sie durch lange, mit Förderschnecken ausgestattete Rohre wandern ließ, die von außen durch Heizgase erhitzt wurden, und Sauerstoff in die erhitzten Rohre zwecks Verbrennung der adsorbierten Stoffe einleitete.

Mit organischen Lösungsmitteln wie Mischungen von Kohlenteerbenzin oder Homologen mit Kerosin oder aliphatischen Alkoholen extrahierte bei der Ölraffination verwendete Entfärbungsmittel P. W. Prutzman (A.P. 1633871 [Contact Filtration Co.]) die aufgenommenen Öle, worauf er die Erden durch organische Lösungsmittel von den adsorbierten Verunreinigungen und schließlich die Erden mit Wasser von den Lösungsmitteln befreite.

Überhitzten Wasserdampf benutzte W. S. Baylis (A.P. 1654629 [Filtrol Co.]) zum Wiederbeleben aus benutztem Ton (der mit Säure aktiviert war) usw. und führte zur Verbrennung der aufgenommenen Stoffe Sauerstoff zu der erhitzten Masse.

Ferner verdrängte R. A. Dunham (A.P. 1694971 [Union Oil Co.]) aus bei der Ölreinigung gebrauchtem Ton das von letzterem aufgenommene Öl durch Wasser (Seewasser).

Ebenfalls Wasserdampf leitete R. E. Manley (A. P. 1702738 [Texas Co.]) in wiederzubelebendes Adsorptionsmaterial, und zwar in den ersten Teil der ein geheiztes Rohr passierenden Massen, die alsdann einer oxydierenden Behandlung unterworfen wurden.

F. W. Hall (A.P. 1706261 [Texas Co.]) extrahierte aus zur Raffination von Kohlenwasserstoffölen verwendeter Fullererde den adsorbierten Asphalt mit einem Gemisch von Gasolin und Alkohol bzw. Benzin und Azeton (Kanad.P. 271630 und 271631).

Zur Klärung und Entfärbung von Petroleumölen benutzte Tone o. dgl. Entfärbungsmittel, die Aluminiumhydrosilikat mit einem Verhältnis von weniger als 1 Teil Tonerde auf 4 Teile Kieselsäure als Hauptbestandteil enthielten, sollen nach M. L. Chappell (A.P. 1715535 [Contact Filtration Co.]) durch Auswaschen mit (Farbstoff-) Lösungsmitteln (Azeton, Alkohol, Keton), die weniger als 3% Schwefelsäure enthalten, und sodann mit schwefelsäurefreien Lösungsmitteln gereinigt werden können.

Unter Druck trieb W. M. Stratford (A.P. 1724531 [Texas Co.]) durch bei der Petroleumreinigung benutzte Bleicherden erhitzte Lösemittel (Naphtha).

Weiterhin mischte H. E. Bierce (A. P. 1752721) derartige gebrauchte Adsorptionsmassen mit fester Oxalsäure, erhitzte sie bei 200—250° F in Abwesenheit von Wasser und setzte dann Wasser zu.

W. Lowery (A.P. 1763167 [Standard Oil Co.]) belebte bei der Mineralölraffination verwendeten Ton durch Waschen mit einer Sodalösung unter Erhitzen auf 180—210° F, Stehenlassen des Gemisches, Entfernen des Öles und der Flüssigkeit, Auswaschen des Tones mit Wasser und Trocknen, sowie Brennen des Tones wieder.

Kontinuierlich ist das Wiederbelebungsverfahren für Fullererde o. dgl., das den Gegenstand des A.P. 1768465 (H. J. Hartley [Nichols Copper Co.]) bildet.

Es besteht darin, daß man die mit Rohölfiltrationsrückständen beladenen Bleicherden kontinuierlich durch einen Vielherdofen unter Schüttelung oder Rühren, so daß sie in losem, fein verteiltem Zustande beim Durchgang durch den Ofen bleiben, führt. Gleichzeitig wird Sauerstoff zu dem Material geleitet. Anfänglich heizt man den Ofen so stark, daß die Verbrennung des Ölrückstandes eintritt, worauf die Luftzufuhr geregelt wird. Die auftretende Verbrennungswärme wird zur Durchführung des Verfahrens verwendet.

Sodann empfahl F. A. Bent (A.P. 1770166 [Contact Filtration Co.]), die bei der Reinigung von Kohlenwasserstoffölen verwendeten Tone mit einem mehrwertigen Alkohol (Glykolderivate) zu extrahieren, der über 100° C siedet und mit Wasser mischbar ist.

W. D. Rial und W. R. Barratt (A.P. 1782744 [Richfield Oil Co.] benutzten zum Regenerieren derartiger Tone zunächst ein Lösungsmittel (Naphtha) für die Gummi- und Harzverunreinigungen, ferner ein Lösungsmittel für die Farbstoffe in den Tonen. Dieses Lösungsmittel bestand aus einem Destillat der sauren Öle aus dem sauren Schlamm, aus dem die in Wasser löslichen Bestandteile entfernt sind. Der Geruch der Tone wurde durch Behandeln mit Wasserdampf beseitigt, und gleichzeitig damit wurden die Tone hydratisiert.

Die harzigen Verunreinigungen entfernte R. C. Palmer (A.P. 1794527 [Newport Co.]) aus den gebrauchten Tonen mittels eines Gemisches von Alkohol und leichten Petroleumdestillaten. Ferner benutzte der Genannte zu dem beregten Zwecke bei über 65° C Gemische von Alkohol, Azeton, Äther, Äthylazetat, Benzol, Toluol, Phenol, Furfuralkohol, Furfuraldehyd, Benzylalkohol, Anilin, o-Toluidin usw. und Petroleumnaphtha.

Fullererde o. dgl., die zu Klär- oder Entfärbungszwecken gedient hat, wurde von R. C. Palmer und J. L. Burda (A.P. 1794538) von den aufgenommenen Verunreinigungen und dem Wasser dadurch befreit, daß sie mit Petroleumnaphtha o. dgl. bei 130—150° C und unter Druck behandelt und hierauf der Druck zwecks Verdampfung eines Teiles des Naphthaproduktes zusammen mit dem Wasser vermindert wurde.

Durch Destillation und teilweise Karbonisierung der Kohlenwasserstoffe in den gebrauchten Tonen mit Hilfe von Dampf und Luft regenerierten C. K. Parker und F. A. Bent (A.P. 1806020 [Standard Oil Co.]) die Bleichmittel.

Kieselsäuregel, das zu katalytischen oder Adsorptionszwecken bei organischen Reaktionen Verwendung gefunden hat, regenerierten G. Kröner und F. W. Stauf (A.P. 1806690 [I. G. Farbenindustrie A.G.], indem sie es der Einwirkung von Salpetersäure, Gemischen dieser mit Schwefelsäure, Chlorwasser, Wasserstoffsuperoxyd u. dgl. bei unter 150° C aussetzten.

Zur Wiederbelebung röstete W. S. Baylis (A.P. 1810155 [Filtrol Co.]) benutzte Tone der Bentonittype mit Luft, ohne eine Sinterung der Tone herbeizuführen, worauf die Tone mit Wasser und 1—4% (des Ton-Trockengewichtes) Schwefelsäure am besten bei etwa 100° C zu Breien vermischt wurden.

Die Wiederbelebung von Fullererde u. dgl. führte H. J. Hartley (A.P. 1851627 [Nichols Engineering and Research Corp.]) in der Weise durch, daß er sie im Gemisch mit Wasser auf 500—1500° F erhitzte, wobei der sich bildende Dampf die Masse porös machte.

Die Wiederbelebung von fein verteilter, bei der Petroleumraffination benutzter Bleicherde läßt sich nach dem Vorschlage von G. G. Brockway (A. P. 1852603 [Nichols Engineerung and Research Corp.]) in der Weise zweckmäßig durchführen, daß man sie zunächst von dem größeren Teil des darin befindlichen Öles mit einem Lösemittel befreit, alsdann mit einem gröberen oder körnigen Stoff mischt und hierauf in einem Ofen zwecks Verkohlung der Verunreinigungen erhitzt. Schließlich werden die gröberen Beimischungen wieder entfernt.

Nach Entfernung des Öles aus benutzten Tonen trocknete J. K. Fuller (A.P. 1890255 [Contact Filtration Co.]) die letzteren, mischte sie mit einem Lösungsmittel für die adsorbierten Verunreinigungen, filtrierte das Gemisch und wusch den Filterkuchen mit frischem Lösungsmittel aus.

Auch nahm der Genannte (A. P. 1890284 [Contact Filtration Co.]) eine verhältnismäßig große Menge an Lösungsmittel für aufgenommenes Öl in den gebrauchten aktivierten Tonen, filtrierte das Gemisch und schickte dann eine kleine Menge des Lösungsmittels durch den Filterkuchen.

M. Goebel (A. P. 1905087 [Commercial Solvents Co.]) schlug die Regenerierung verbrauchter Bleiherde mit einer Mischung von je 1 Teil Azeton und Methanol sowie 3 Teilen Benzin vor.

Weiterhin erhitzte R. B. Lebo (A. P. 1911830 [Standard Oil Development Co.]) den gebrauchten Ton über 100° C, imprägnierte ihn mit Öl und kühlte den so behandelten Ton auf gewöhnliche Temperatur ab.

G. R. Lewers (A. P. 1943976) brannte die mit Öl gesättigten Bleichmittel, indem er sie durch eine Zone, in der eine begrenzte Verbrennung erfolgte und ein Teil des Öles verdampfte, führte. In diese Zone wurde nur eine begrenzte Menge Luft eingeführt, worauf die völlige Verbrennung der Ölreste usw. in einer von der ersten, dauernd isoliert gehaltenen Zone erfogte.

Zur Entfernung der Farbstoffe aus den bei der Entfärbung von Petroleumfraktionen benützten Tonen suspendierte A. E. Buell (A. P. 1945215 [Philips Petroleum Co.]) sie in überschüssiger Naphtha in Gegenwart einer konzentrierten, alkoholischen Alkalilösung.

Filterton regenerierten N. E. Lemmon und A. B. Brown (A. P. 1946748 [Standard Oil Co.]) durch Extrahieren des anhängenden Öles mit einem organischen Lösungsmittel, Austreiben des restlichen Lösungsmittel mit einem inerten wasserfreien Gas, sowie Brennen des trockenen Tones.

Schließlich mischte J. D. Haseman (A. P. 1956025) die bei der Kohlenwasserstoffölentfärbung benützte Bleicherde mit Wasser zu einer plastischen Masse, trieb die flüchtigeren Stoffe bei niedriger Temperatur und glühte hierauf die Masse.

Literaturverzeichnis.

1. Kieselsäuregel.

Adadurow, J. u. K. Brodowitsch: Untersuchung des Silicagels als Platinkontaktträger. Ukrain. chem. Journ. **4**, S. 123—127, 1930.

Alexejewski, E. W.: Konstitutionsformeln für Silicagel. Journ. Russ. phys.-chem. Ges. **62**, S. 817—826, 1930.

Allmand, A. J. u. L. J. Burrage: Adsorptionsverlauf an Kieselsäuregel. Proceed. Roy. Soc., London Serie A. **130**, S. 610—632, 1931.

Almquist, J. A., V. L. Gaddy u. J. M. Braham: Silicagel als Adsorptionsmittel für in Gasgemischen enthaltene Stickoxyde. Ind. engin. Chem. **17**, S. 599—603, 1925.

Anschütz, L.: Silicagel als Adsorptionsmittel bei der Hochdruckvakuumdestillation. Ber. Dtsch. chem. Ges. **59**, S. 1791—1794.

Antenay, C.: Kieselsäuregel und Bleicherden. Ind. chimique **14**, S. 492—495, 542—546, 1927; **15**, S. 9—10, 73—76, 135—137, 1928.

Bachmann, W. u. L. Maier: Wertbestimmung der Kieselsäuregele. Ztschr. anorgan. allg. Chem. **168**, S. 61—72, 1927.

Bartell, F. E. u. E. G. Almy: Aktivierung von Kieselsäuregel. Journ. physical Chem. **36**, S. 475—489, 1932.

— u. Y. Fu: Oberfläche des Silicagels. Journ. Russ. phys.-chem. Ges. **62**, S. 287 bis 294, 1930.

— — Schwer- bzw. Nichtadsorbierbarkeit von Säuren, dagegen Adsorbierbarkeit von Basen an Kieselsäuregel. Journ. physical Chem. **33**, S. 676—687.

— u. G. H. Scheffler: Adsorption aus binären Gemischen durch Silicagele. Journ. Amer. chem. Soc. **53**, S. 2507—2511, 1931.

— — u. C. K. Sloan: Adsorption aus binären Systemen durch Silicagele. Journ. Amer. chem. Soc. **53**, S. 2501—2507, 1931.

Bary, P.: Zerstäubung von Kieselsäuregelen. Rev. gén. Colloides **6**, S. 85—89.

— Herstellung von Kieselsäuregel. Compt. rend. Acad. Sciences **186**, S. 863—864.

Becker, A. u. K. H. Stehberger: Kieselsäuregel adsorbiert Radiumemanationen. Ann. Physik [5] **1**, S. 529—555.

Bergve, E.: Das Kieselsäuregel und seine Verwendung. Tidskr. Kemi Bergvaesen **11**, S. 127—129, 1931.

Berl, E. u. Burkhardt: Aktive Kieselsäure. Ztschr. anorgan. allg. Chem. **171**, S. 102—105.

Berthou, R.: Verschiebung chemischer Gleichgewichte durch selektive Adsorption von Hydroxyden an Kieselsäuregel. Compt. rend. Acad. Sciences **195**, S. 43 bis 45, 1932.

— Reaktionsmechanismus der Adsorptionen von Bestandteilen aus ammoniakalischen Kupfer-, Zink-, Nickel und Cadmiumsulfat an Kieselsäuregel. Compt. rend. Acad. Sciences **195**, S. 384—386, 1932.

— Bei polaren Flüssigkeiten ist die Differenz der Adhäsions- und Kohäsionswärme am größten. Compt. rend. Acad. Sciences **195**, S. 1019—1021, 1932.

Biesalski, E.: Basenaustausch mit Hilfe des bei der Einwirkung von Zinksulfat und Natriumsilikatlösung erhältlichen zinkhaltigen Kieselsäuregels. Ztschr. anorgan. allg. Chem. **160**, S. 107—127.

Birch, S. F. u. W. S. Norris: Raffination leichter Erdöldestillate durch Silicagel bzw. Fullererde. Oil Gas Journ. **28**, Nr. 8, S. 46, 162—168.

Blanc, G. A.: Verlust der Anlagerung von kolloider Kieselsäure an Kieselsäurehydrat. Atti R. Accad. Lincei (Roma), Rend. [6] **13**, S. 327—330, 1931.
Bodewig, J.: Silicagel als Adsorptionsmittel für das Kühlmittel bei der Kälteerzeugung. Ztschr. Eis- u. Kälte-Ind. **3**, S. 13—15, 1930.
Bosshard, E. u. E. Jaag: Adsorption von Gasen und Dämpfen an Kieselsäuregel. Helv. chim. Acta **12**, S. 105—113.
Brintzinger, H.: Feststellung der Gültigkeit der Dialysengleichung $c^t = c_0 \cdot e^{-\lambda \cdot t}$ bei der Reinigung kolloider Kieselsäure von Chlor. Ztschr. anorgan. allg. Chem. **168**, S. 145—149, 1927.
Cassiday, J.: Kieselsäuregel als Adsorptionsmittel in Kühleinrichtungen. Power **69**, S. 49—50, 1929.
Chalkley, L. jr.: Bildung von Chlor- bzw. Bromwasserstoff, Phenol und Diphenyläther mittels Kieselsäuregel. Journ. Amer. chem. Soc. **51**, S. 2489—2495.
Charmandarjan, M. O. u. G. D. Dachnynk: Aktivität von Kieselsäuregel gegen Benzol. Journ. chem. Ind. **7**, S. 1578—1580, 1930.
— u. S. L. Kappellewitsch: Silicagelherstellung. Journ. chem. Ind. **7**, S. 1484 bis 1488, 1930.
Chelberg, R. u. G. B. Heisig: Herstellung von Methylsalizylat und Methyl-β-naphthyläther mittels Kieselsäuregel. Journ. Amer. chem. Soc. **52**, S. 3023, 1930.
Chwodhury, J. K. u. H. N. Pal: Benzoladsorption durch gemischtes Tonerde-Kieselsäuregel. Journ. Indian. chem. Soc. **7**, S. 451—464, 1930.
Davies, E. C. H. u. V. Sivertz: Rhythmische tägliche Bänder von Gold und Platin in Kieselsäuregel. Journ. physical Chem. **30**, S. 1467—1476, 1926.
Davis, H. M. u. L. E. Swearingen: Trennen von Äthylalkohol-Wasserdampf durch Kieselsäuregel. Journ. physical Chem. **35**, S. 1308—1313, 1931.
Dedrick, D. S.: Reduktion des Kupfer-II-Ions in Kieselsäuregel. Journ. physical Chem. **35**, S. 1777—1783, 1931.
Demougin, P.: Abhängigkeit der Menge der vom Kieselsäuregel adsorbierten Gase und Dämpfe vom Druck und der Temperatur. Memorial Poudres **25**, S. 18—90, 1932—1933.
Ewing, D. T. u. C. H. Spurway: Dichte von an Silicagel adsorbiertem Wasser. Journ. Amer. chem. Soc. **52**, S. 4635—4641, 1930.
Fells, H. A. u. J. B. Firth: Kieselsäuregel strebt der Bildung von anhydrischer, kristallisierter Kieselsäure zu. Trans. Faraday Soc. **23**, S. 623—630, 1927.
Ferguson, J. u. M. P. Applebey: Abscheidung von Flüssigkeiten durch Silicagel. Trans. Faraday Soc. **26**, S. 642—645, 1930.
Firth, J. B. u. H. A. Fells: Verhalten des Kieselsäuregels beim Entwässern. Nature **119**, S. 84—85.
Fleischer, A.: Adsorption von Dämpfen an Kieselsäuregel. Amer. Journ. Science (Sillman) [5] **16**, S. 247—257, 1928.
Frank, A.: Silicagel als Adsorptionsmittel. Chem.-Techn. Rdsch. **45**, S. 495 bis 497, 1930.
Geddes, C.: Reinigung von Motorenbenzol durch Silicagel. Gas Worlds **94**, S. 17 bis 20, 1931.
Gemin, G.: Silicagel als Katalysatormasse. Chem. News **141**, S. 224—325, 1930.
Glixelli, S. u. J. Wiertelak: Das elektrokinetische Potential der Kieselsäuregallerte ist unabhängig von mechanischen Deformationen. Kolloid-Ztschr. **43**, S. 85—92.
— Einfluß von Säuren und Salzen auf die Ladung des Kieselsäuregels. Kolloid-Ztschr. **45**, S. 197—203 u. Roczniki Chemiji 8, S. 10—21.
Graulich, W.: Adsorptionsvermögen des Kieselsäuregels. Nitrocellulose **1**, S. 119 bis 120, 1930.

Grettie, D. P. u. R. J. Williams: Adsorption organischer Stoffe durch Kieselsäuregel und Fullererde. Journ. Amer. chem. Soc. **50**, S. 668—672.

Grigorjew, P.: Theorie der Herstellung von Kieselsäuregel. Journ. prakt. Chem. [2] **118**, S. 91—95.

Grimm, H. G., W. Raudenbusch u. H. Wolff: Trennung binärer Flüssigkeitsgemische mit Hilfe von Kieselsäuregel. Ztschr. angew. Chem. **41**, S. 105—107 1928.

— u. H. Wolff: Trennung binärer Flüssigkeitsgemische mit Hilfe von Kieselsäuregel. Ztsch. angew. Chem. **41**, S. 98—105, 1928.

Gruner, E.: Kritik an der Arbeit von Haas. Chem.-Ztg. **56**, S. 208.

Haas, J. R.: Adsorptionen durch besonders hergestelltes Kieselsäuregel. Chem.-Ztg. **55**, S. 975—976 u. **56**, S. 353.

Holmes, H. N.: Kristalle von Gold, Bleijodid usw. erhält man im Kieselsäuregel. Bull. Soc. chim. France [4] **43**, 261—287.

— u. A. L. Elder: Silicagele als Adsorbentia für Wasserdampf. Journ. physical Chem. **35**, S. 82—92, 1931.

Hurd, C. B. u. H. A. Letteron: Oberflächenspannungen während des Absetzens von Kieselsäuregel. Journ. physical Chem. **36**, S. 604—614, 1932.

— u. P. Miller: Kieselsäuregelherstellung. Journ. physical Chem. **36**, S. 2194 bis 2204, 1932.

— u. H. J. Swanker: Messungen der Leitfähigkeit verschiedener Gemische von wäßrigen Natriumsilikatlösungen und Essigsäure. Journ. Amer. chem. Soc. **55**, S. 2607, 1933.

Jones, D. C. u. L. Outbridge: Adsorption von Kieselsäuregel im System n-Butylalkohol-Benzol. Journ. chem. Soc. London 1930, S. 1574—1584.

Kälberer, W. u. C. Schuster: Isothermen bei der Adsorption von Argon, Kohlendioxyd und Äthan durch Kieselsäuregel. Ztschr. physikal. Chem. Abt. A. **141**, S. 270—296.

Kameyama, N. u. S. Oka: Kieselsäuregele besitzen wesentliche Eigenschaften der japanischen sauren Erde. Journ. Soc. chem. Ind. Japan (Suppl.) **31**, S. 269 B bis 271 B, 1928.

Koets, P.: Adsorption des Wassers an Silicagel. Koninkl. Akad. Wetensch. Amsterdam, wisk. natk. Afd. Proceedings **34**, S. 420—426, 1931.

Korolew, A.: Kieselsäuregel fördert die Bildung von Estern und Äthern. Journ. chem. Ind. **4**, S. 547.

Krase, N. W.: Abscheidung von Stickoxyden durch Silicagel. Chem. metallurg. Engin. **33**, S. 674—679, 1926.

Krishnamurti, K.: Verhalten des Kieselsäuregels beim Entwässern. Nature **118**, S. 843, 1926.

Kröger u. Fischer: Die elastischen Eigenschaften saurer und alkalischer Kieselsäuregallerten. Kolloid-Ztschr. **47**, S. 10—14, 1929.

Krull, F. B.: Silicagel als Lufttrocknungsmittel in Papierlagerräumen. Zellstoff u. Papier **10**, S. 875—887, 1930.

Kuhn, G.: Erweiterung der Methodik der Kondensationsanalyse durch Adsorption an Kieselsäuregel. Ztschr. angew. Chem. 1931, S. 757.

Lambert, B. u. A. M. Clark: Druck-Konzentrations-Gleichgewichte zwischen Benzol und Silicagel. Proceed. Roy. Soc., London Serie A. **122**, S. 497—512.

— — Adsorptionsisotherme des Silicagels. Proceed. Roy. Soc., London Serie A. **117**, S. 183—201, 1927.

Lepape, A.: Silicagel dient zur Abscheidung der Kryptons und Xenons aus technischem, flüssigem Sauerstoff. Compt. rend. Acad. Sciences **187**, 231—234.

Lewis, E. H.: Anlage zum Trocknen des Hochofengebläsewindes mittels Kieselsäuregel. Chem. Trade Journ. **81**, S. 315—316.

Liepatow, S.: Kieselsäuregel bei der Bearbeitung der chemischen Sorption. Ztschr. anorgan. allg. Chem. **157**, S. 22—26, 1926.

Lüde, K. von: Eigenschaften und Verwendung des Silicagels. Österr. Chemiker-Ztg. **33**, S. 108—110, 1930.

Magnus, A. u. H. Giebenhain: Bestimmung der Adsorptionswärme bei der Adsorption von Kohlendioxyd an Kieselsäuregel. Ztschr. physikal. Chem. Abt. A. **143**, S. 265—277.

— u. K. Grähling: Adsorption von Sauerstoff und Ozon an Kieselsäuregel. Ztschr. physikal. Chem. Abt. A. **145**, S. 27—47, 1929.

— u. W. Kälberer: Abnahme der Adsorptionswärme des Kohlendioxyds an Kieselsäuregel bei Drucksteigerung. Ztschr. anorgan. allg. Chem. **164**, 357—365.

— u. R. Kieffer: Adsorption von Kohlendioxyd und Ammoniak an Kieselsäuregel. Ztsch. anorgan. allg. Chem. **179**, S. 215—232.

— u. A. Müller: Adsorption von Chlor an Kieselsäuregel. Ztschr. physikal. Chem. **148**, S. 241—260, 1930.

Matagrin, A.: Kieselsäuregel und seine Verwendung. Rev. Chin. ind. **40**, S. 202 bis 207 u. 236—239, 1931.

Maurer, E.: Trocknen von Gebläsewind für Hochöfen mittels Kieselsäuregel. Journ. Soc. chem. Ind. **46**, S. 902—904, 1927.

Mautner, P.: Kieselsäuregelverwendung in Benzolgewinnungsanlagen. Kolloid-Ztsch. **42**, 273—275.

Mitchell, J. A. u. E. E. Reid: Herstellung von Nitriten mittels Kieselsäuregel. Journ. Amer. chem. Soc. **53**, S. 321—330, 1931.

— — Zersetzung von Ketonen an Kieselsäuregel. Journ. Amer. chem. Soc. **53**, S. 330—337, 1931.

— — Zersetzung von Essigsäure an Kieselsäuregel. Journ. Amer. chem. Soc. **53**, S. 338—343, 1931.

Morris, V. N. u. L. H. Reyerson: Die katalytische Wirkung metallisierten Silicagels bei der Hydrierung des Äthylens und Azetylens. Journ. physical Chem. **31**, S. 1220—1229 u. 1332—1337.

Neumann, B.: Entwässern von Kieselsäuregel. Ztschr. angew. Chem. **43**, S. 882 bis 883, 1930.

Nicolas, E. A. J. H.: Entfernung von gasförmigen Verunreinigungen aus Luft und anderen (technischen) Gasen durch Silicagel. Chem. Weekbl. **27**, S. 103 bis 104, 1930.

Ohl, F.: Silicagel als Adsorbens in der Kunstseidenindustrie. Kunstseide **12** S. 239—241, 1930.

Okatow, A.: Kolloide Kieselsäure. Chem. Ztrbl. 1929 II, S. 707.

Patrick, W. A., P. B. Davis u. E. H. Barclay: Adsorption von Wasserdampf an Silicagel. Colloid Symposium Monograph. **7**, S. 129—133, 1930.

— J. C. Frazer u. R. J. Rush: Strukturänderungen des Kieselsäuregels. Journ. physical Ind. **13**, S. 1511—1520.

Ponndorf, W. u. H. W. Knipping: Kieselsäuregel zum Erfassen kleiner Dampfmengen aus der Atemluft. Beitr. Klin. Tbk. **68**, S. 751—806, 1928.

Prasad, M. u. R. R. Hattiangadi: Beschleunigung der Gelbildung durch Elektrolyte. Journ. Indian. chem. Soc. **7**, S. 341—346, 1930.

— — Untersuchungen über Kieselsäuregele. Journ. Indian. chem. Soc. **6**, S. 656 bis 663.

— — Absetzzeit von Kieselsäuregelen. Journ. Indian. chem. Soc. **6**, S. 893—902, 991—1000, 1929.

— S. M. Mehta u. J. B. Desai: Einfluß von Alkohol auf die Viskositätsänderung saurer und alkalischer Kieselsäuregele liefernder Gemische. Journ. physical Chem. **36**, S. 1391—1400, 1932.

Prasad, M., S. M. Mehta u. J. B. Desai: Bildung von Mizellen konstanter Konzentration in alkalischen und sauren Gelen. Journ. physical Chem. **36**, S. 1324—1336, 1932.

Prucha, M. J. u. C. A. Getz: Bildung von Kieselsäuregel in Natriummetasilikatlösungen. Ind. engin. Chem. **25**, S. 68—72, 1933.

Putnoky, L. von u. W. Nérath: Sorptionsgeschwindigkeit des Alkohol- und Ätherdampfes an Kieselsäuregelen. Math. u. naturwiss. Ber. Ungarn **38**, S. 173 bis 225, 1931.

— u. G. von Szelényi: Dynamische Methode zum Messen der gemeinsamen Adsorption von Alkohol und Äther aus Gasgemischen an Kieselsäuregele. Ztschr. Elektrochem. **34**, S. 805—813, 1928.

— Adsorptionen von Gasen aus Kieselsauregelen. Ztschr. Elektrochem. **36**, S. 10 bis 15, 1930.

Rao, B. S.: Adsorption des Alkohols aus Benzollösungen und des Benzols aus Tetrachlorkohlenstofflösungen an Kieselsäuregel. Journ. physical Chem **36**, S. 616—625, 1932.

— u. K-S. G. Doß: Alkogel der Kieselsäure. Journ. physical Chem. **35**, S. 3485 bis 3488, 1931.

Ray, R. C. u. P. B. Ganguly: Optimale Bildungsbedingungen von Silicagel aus Alkalisilikatlösungen. Journ. physical Chem. **34**, S. 352—358, 1930; **35**, S. 596 bis 601, 1931.

Resartor: Wiedergewinnung flüchtiger Lösungsmittel durch Kondensation mittels Kieselsäuregel und Bleicherden. Ind. chimique **15**, S. 238—239.

Reyerson, L. H. u. L. E. Swearingen: Oxydation des Äthylens an metallisiertem Silicagel. Journ. Amer. chem. Soc. **50**, S. 2872—2878, 1928.

— Die Adsorptionsfähigkeit von mit Metallen beladenem Kieselsäuregel gegenüber Wasserstoff, Kohlendioxyd, Äthylen und Methan. Journ. physical Chem. **31**, S. 88—101.

Saladini, B.: Silicagel als Entfernungsmittel der im Schieferöl enthaltenden Schwefelverbindungen. Industria chimica **5**, 1930.

Salmony, A.: Silicagel und seine Verwendung. Umschau **34**, S. 784—786, 1930.

Sameshima, J.: Sorptionsgeschwindigkeit der Gase Ammoniak, Kohlendioxyd und Äthan an Kieselsäuregel. Bull. chem. Soc. Japan **7**, S. 133—135, 1933.

Schilow, N., M. Dubinin u. S. Toropow: Adsorption von Gasen, Dämpfen und Jodlösungen durch Gemische von Kieselsäure und aktiver Kohle. Kolloid. Ztschr. **49**, S. 120—126, 1929.

Schmelew, L. A.: Alizarinrot 5 U extra läßt sich durch Silicagel auswaschen. URSS. Scient. Techn. Dpt. Supreme Council National Economy Nr. 263.

Schultze, K.: Wanderung von Salzen in Kieselsäuregelen. Kolloid-Ztschr. **51**, S. 299—308, 1930.

Schwarz, R. u. H. Richter: Kieselsäuregel ein SiO_2-Hydrat. Ber. Dtsch. chem. Ges. **60**, S. 2263—2270, 1927.

Smith, G. W. u. L. H. Reyerson: Adsorption von Kupferammonium- und Nickelammonium-Ionen durch Kieselsäuregel. Journ. Amer. chem. Soc. **52**, S. 2584—2585, 1930.

Ssoposhnikow, A. W., A. P. Okatow u. M. B. Susserow: Adsorption von Stickstoffdioxyd an Kieselsäuregel. Journ. Russ. phys.-chem. Ges. **61**, S. 1353 bis 1368, 1929.

Stoeltzner, G.: Konzentration von Kieselsäuregel. Kolloid-Ztschr. **59**, S. 60 1932.

Swearingen u. Reyerson: Katalytische Wirksamkeit metallisierter Kieselsäuregele bei der Wassersynthese. Journ. physical Chem. **32**, S. 113—120.

Taft, R. u. J. Stareck: Wachstum von Bleikristallen im Silicagel. Journ. chem. Education **7**, S. 1520—1536, 1930.

Thau, A.: Verwendung von Kieselsäuregel bei der Benzolgewinnung und -reinigung. Glückauf **62**, S. 1049—1056.

Tokmanow, W.: Bestimmung von Ceresin mit Sulfosil. Petroleum- u. Ölschieferind. **12**, S. 558—561.

Traube, J. u. S. Birnwitsch: Adsorption von Dämpfen organischer Stoffe durch Kieselsäuregel. Kolloid-Ztschr. **44**, S. 233—239.

Twerzyn, W.: Behandlung von Asphalt enthaltendem Paraffingoudron mit Kieselsäuregel, das mit Salzsäure gesättigt ist. Petroleum- u. Ölschieferind. **11**, S. 732—737, 1926.

Tytschinin, B. u. W. Tokmanow: Behandlung von Erdölen usw. mit Sulfosil. Petroleum- u. Ölschieferind. **12**, S. 414—415.

Urquhart, A. R.: Die Adsorptionshysterese bei der Adsorption von Wasser durch Silicagel. Journ. Textile Inst. **20**, S. 117—124, 1929.

Walker, H. W.: Silicagel indifferent gegenüber Äthylen. Journ. physical Chem. **31**, S. 961—996.

Waterman, H. J. u. M. J. Tussenbroek: Silicagel als Adsorbens für Schwefelverbindungen. Brennstoff-Chem. **8**, S. 20—21, 1927; **9**, S. 37—39 u. 397—398, 1928.

Willstätter, R., H. Kraut u. K. Lobinger: Kieselsäuregele lassen sich mit Alkali potentiometrisch titrieren. Ber. Dtsch. chem. Ges. **61**, S. 2280—2293, 1928.

Witt, H.: Gallenlösungen werden durch saures Kieselsäuregel in geringem Maße entfärbt. Biochem. Ztschr. **207**, S. 241—245.

Wolf, K.: Adsorptionstechnik mit Hilfe von Kieselsäuregel und Bleicherden. Metallbörse **18**, S. 453—455; **19**, S. 341—342.

— Herstellung von Kieselsäuregelen. Metallbörse **18**, S. 1293—1294.

— u. M. Praetorius: Herstellung von Kieselsäuregel. Metallbörse **18**, S. 789 bis 790.

— — Die wichtigsten Arbeiten über die Kieselsäuretechnik im Jahre 1929. Metallbörse **20**, S. 2301—2302 u. 2357—2358.

Wolkow, P. A.: Gewinnung von Silicagel aus Nephelinen mit Schwefelsäure. Compt. rend. Acad. Sciences URSS. Serie A. 1932, S. 165—172.

Wolter, H.: Adsorptionsvermögen von Kieselsäuregelen. Ztschr. angew. Chem. **40**, S. 1113—1115.

Wright, W. M. u. E. K. Rideal: Zersetzung von Wasserstoffsuperoxyd durch Kieselsäuregel. Trans. Faraday Soc. **24**, S. 530—538.

Yajnik, N. A. u. L. N. Haksar: Elektrolyte erniedrigen bzw. erhöhen die Lichtdurchlässigkeit von Kieselsäuregelen. Kolloid-Ztschr. **49**, S. 303—308, 1929.

Ziemiecka, J.: Die Assimilation der Phosphors durch den Azetobacter wird durch Kieselsäuregel gefördert. Roczniki Nauk Rolniczych I Lésnych **22**, S. 343 bis 349.

2. Bleicherden.

Antenay, C.: Technische Verwendung poröser Erden und Kohlen. Ind. chimique **15**, S. 182—185.

Belani, E.: Basischer Charakter der Karlsbader Erde „Carlonit". Petroleum **28**, S. 11—12, 1932.

— Apparate zum Trocknen der bayerischen Bleicherden. Allg. Öl- u. Fett-Ztg. **24**, S. 315—316.

— Verwendung von Carlonit zur Ölreinigung. Seifensieder-Ztg. **59**, S. 654—657, 1932.

Birnwitsch, S.: Adsorption von Teerfarbstoffen aus wäßrigen Lösungen an Floridinerden und Kieselsäuregel. Kolloid-Ztschr. **44**, S. 239—242.

Böhm, E.: Verwendungszweck einer Bleicherde. Seifensieder-Ztg. **54**, S. 749—750.

Bosshard, E. u. W. Wildi: Entfärbung von dunklem Schmieröl durch Bleicherde und Kieselsäuregel. Helv. chim. Acta **13**, S. 572—586, 1930.

Briggs, T. R. u. F. H. Rhodes: Fullererde steigert die Reinigungswirkung der Natronlauge bei der Entfernung der Druckerschwärze aus Papier. Colloid Symposium Monograph. **65**, S. 677—679.

Burghardt, O.: Erhöhung der Aktivität natürlicher Fullererden. Industria chimica **5**, S. 876—878, 1930.

Davidsohn, J.: Ölbleichung mit Bleicherden. Öl-Fett-Ind. (Moskau) 1926, Nr. 7—8 u. 10—17.

— Wirkung und Herstellung synthetischer Bleicherden. Chem. Umschau Fette, Öle, Wachse, Harze **39**, S. 10—14, 1932.

Dittler, C.: Bleichen von Knochenfetten mit Benzin oder Benzol, Schwefelsäure und Bleicherde. Seifensieder-Ztg. **58**, S. 830—831, 1932.

Dobrjanski, F.: Prüfung von Bleicherden und Silicagel auf ihre selektive Adsorp. tion von Petroleumharzen. Petroleum-Ölschieferind. **14**, S. 780—795, 1928.

Eckart, O.: Verhalten der Bleicherde bei der Trockenraffination der Mineralöle. Allg. Öl- u. Fett-Ztg. **28**, Nr. 6.

— Die Bleichwirkung der aktivierten Bleicherden. Ölmarkt **9**, S. 129—130.

— Chemische Wirkung der Bleicherden auf Öle. Seifensieder-Ztg. **54**, S. 82—83 u. 103.

— Erkennungszeichen für einen neuen Bleichton. Ztschr. angew. Chem. **42**, 939—941.

— Regenerierung gebrauchter Bleicherden. Seifensieder-Ztg. **58**, S. 200—201, 1931.

Florian, J.: Geprüfte Bleicherden. Petroleum **22**, S. 780—781.

Flügel, R.: Ejektoren zur Einführung gepulverter Bleicherden in strömendes Öl. Petroleum **28**, Nr. 17, S. 10—12, 1932.

Fogle, M. E. u. H. L. Olin: Klärwirkung der Fullererde. Ind. angin. Chem. **25**, S. 1069—1073, 1933.

Fussteig, R.: Regenerierung von Bleicherden. Petroleum **26**, S. 627—628, 1930.

— Die Erde Carlonit eignet sich zur Öl- und Fettbleiche. Olien Vetten Oliezaden **18**, S. 485—486, 1934.

Gasiorowski, S.: Raffination von Spindelölen mittels Frankonit. Przemysl Chemiczny **11**, S. 466—472.

Greig-Smith, R.: Fullererde wirkt bei der alkoholischen Gärung. Proceed. of the Linnean Soc. New South Wales **51**, S. 134—136, 1926.

Grigorjew, P. u. A. Polinkowskaja: Russische Tone zur Reinigung roher Crackbenzine. Journ. chem. Ind. **5**, S. 943—944.

Hanslik, P. J., F. de Eds u. M. L. Tainter: Intravenöse Injektion von Fullererde. Arch. int. Med. **36**, S. 447—506.

Hargreaves, P. W.: Essigsäurezusatz bei der Entfärbung von Indigofärbungen durch Fullererde. Dyer Caliro Printer **67**, S. 5313—5314, 1932.

Hassel, B.: Oxydationsbleiche für Öle aller Art, sowie Fette mittels Bleicherde. Seifensieder-Ztg. **56**, S. 325—327.

— Regenerierung von Bleicherden. Seifensieder-Ztg. **57**, S. 722—724, 1930.

Heller, H.: Bei der Bleichung von Ölen durch die Bleicherden aufgesaugte Ölmenge. Allg. Öl- u. Fett-Ztg. **24**, S. 599—600, 1927.

Herbst, H.: Anwendung von hydrosilikathaltigen Bleicherden für die Adsorption von Asphalt aus Mineralölen. Petroleum **22**, S. 424—425.

Herrndorf, E.: Entölung der gebrauchten Roherden. Seifensieder-Ztg. **60**, S. 238 bis 239, 1932. Allg. Öl- u. Fett-Ztg. **23**, S. 408.

Heyden, von der u. Typke: Eine Behandlung gebrauchter Öle mit Bleicherden genügt zu ihrer Regenerierung. Ztsch. Ver. Dtsch. Ing. **70**, S. 401—462.

Iljin, B. u. S. Wassiljew: Benetzungswärme von Floridin durch Behandeln mit wässerigen Lösungen von Methylalkohol. Ztschr. physikal. Chem. Abt. A. 1932, S. 365—368.

Isobe, H.: Aluminiumsilikat adsorbiert Benzin. Scient. Papers Inst. physical chem. Res. **12** B, S. 24—25, 1930.

Kalusky, L.: Bestimmung der Säure in der Bleicherde. Seifensieder-Ztg. **60**, S. 383—384, 1933.

— Kolorimeter für die Bleicherdebeurteilung. Seifensieder-Ztg. **60**, S. 400—401, 1933.

Kerr, P. F.: Röntgenographische Untersuchungen der chemischen Analyse und Lichtbrechung vom Montmorillonit. Amer. Mineralogist **17**, S. 192—198, 1932.

Kobayashi, K. u. K. Yamamoto: Polymerisationswärmen von Terpentinölen und α-Pinen bei Anwendung von Bleicherden. Journ. Soc. chem. Ind. Japan (Suppl.) **31**, S. 102—103.

— — Entfärbung des Petroleums durch Bleicherden. Journ. Soc. chem. Ind. Japan (Suppl.) **33**, S. 428 B, 429 B u. 430 B—431 B, 1930.

— — Japanische saure Tone, sowie der japanische Schieferton zeigen hohe Adsorptionswirkung. Journ. Soc. chem. Ind. Japan (Suppl.) **34**, S. 99 B—101 B, 1931.

— — u. J. Abe: Farbreaktion des japanischen sauren Tones. Journ. Soc. chem. Ind. Japan (Suppl.) **32**, S. 182 B—183 B.

— — u. K. Bito: Wasserbestimmung in der japanischen sauren Erde. Journ. Soc. chem. Ind. Japan (Suppl.) **32**, S. 297 B—298 B, 1929.

Kober, S.: Feststellung des Fehlens einer grundlegenden Erforschung der Adsorptionsbedingungen möglichst einfacher Stoffe (Bleicherde). Seifensieder-Ztg. **55**, S. 330—331.

Koenig, O.: Trinkwasserreinigung durch aktive Erden. Gas- u. Wasserfach **72**, S. 1065—1072 u. 1091—1099, 1929.

Kowalewski, S. A.: Bleichtone des Aserbaidschan. Beil. zur Petroleumind. Aserbaidschan 1931, Nr. 1.

Krczil, F.: Wärmeentwicklung beim Benetzen von Bleicherden und Silicagel mit Alkohol und Benzol. Kolloid-Ztschr. **58**, S. 183—189, 1932.

Kuen, F. M.: Oxydationen an der Oberfläche von Fullererden. Anz. Akad. Wiss. Wien, Math.-naturwiss. Kl. 1933, S. 98—99.

Lederer, E. R. u. E. W. Zublin: Untersuchung der Wooditerde auf Ölentfärbung. National Petroleum News **24**, Nr. 35, S. 27—33, 1932.

Linsbauer, A. u. J. Vašatko: Laboratoriumsapparat für die Ölprüfung. Listy Cutrovarnické **46**, S. 659; Ztschr. cechoslovak. Rep. **53**, S. 25—30.

Llalin, L. u. N. Warigina: Russische Tone für die Reinigung von Sonnenblumenöl. Journ. chem. Ind. **4**, S. 882—885, 1927.

Ma, C. u. J. R. Withrow: Prüfung der Bleichwirkung von Bleicherden. Ind. engin. Chem. **2**, S. 374—377, 1930.

Markman, A. u. F. Wyschnapolskaja: Untersuchungen des Gumbrin und anderer russischen Bleicherden. Oel-Fett-Ind. 1932, S. 45—48.

Maschkillejsson, E.: Bleicherden in der russischen Fettindustrie. Oel-Fett-Ind. **53**, Nr. 12, S. 27—32, 1929.

Meyer, J. E.: Mit Säure behandelte Bleicherden sind in ihrer Wirkung der Fullererde fast gleich. Refiner and natural Gasoline Manufacturer **9**, S. 82—86, 1930.

Müller, K.: Regenerierung gebrauchter Bleicherden. Seifensieder-Ztg. **58**, S. 260, 1930.

Nekritsch, M.: Künstliche Herstellung einer Bleicherde. Journ. chim. Ukraine, Wiss. u. techn. Teil **2**, S. 155—164, 1926.

Neumann, B. u. S. Kober: Bleichwirkung der Bleicherden auf Öle. Ztschr. angew. Chem. **40**, S. 337—349.

Norcom, G. D.: Desodorisation der Abwässer von der Ölraffinerierung mittels Bleicherde. Water Works Sewerage 80, S. 53—54.

Norkina, G. u. G. Guschtschin: Thermische Aktivitätsbestimmung von Bleicherden. Oel-Fett-Ind. 1932, Nr. 12, S. 41—45.

Nutting, P. G.: Filtration der Mineralöle durch Filtererden. Oil Gas Journ. **27**, S. 138—139.

— Untersuchung von Bleicherden. Ind. engin. Chem. **4**, S. 139—141, 1932.

— Prüfung der in Amerika natürlich vorkommenden Bleicherden. Oil Gas Journ. **31**, Nr. 36, S. 44, 1933.

Pick, L.: Verhalten von Bleicherden in sauren Ölen. Allg. Öl- u. Fett-Ztg. **27**, S. 291—294, 1930.

Pollmann, F.: Wiedergewinnung von Ölen aus gebrauchten Bleicherden. Seifensieder-Ztg. **56**, 296—297.

Pomeranz, H.: Wirtschaftliche Bedenken gegen das Verfahren des DRP. 379124 (Aufarbeitung ölhaltiger Bleicherden). Seifensieder-Ztg. **56**, S. 212—213.

Prelinger, H.: Anforderungen an das Reinigen gealteter Öle durch Filtration durch Walkererde. Zellstoff u. Papier **7**, S. 528, 1927.

Saladini, B.: Mineralölraffination mittels Bleicherden und Silicagel. Atti III. Congress Nazionale Chim. pur. appl. Fierenze e Toscana 1929, S. 584—606.

Salvo, G. de: Entölung von Bleicherden. Giorn. Chim. ind. appl. **15**, S. 389—391, 1933.

Scheifele, B.: Stand der Bleicherdeextraktion. Seifensieder-Ztg. **54**, S. 945, 1927.

Schild, E.: Aktivitätsbestimmung von Bleicherden. Seifensieder-Ztg. **56**, S. 86—87.

Schneller, E.: Einwirkung aktivierter Bleicherden auf gesäuerte Schmieröle. Petroleum **22**, S. 123—127, 1926.

Schönfeld, H.: Stufenweise Entfärbung von Ölen durch Bleicherden. Allg. Öl- u. Fett-Ztg. **26**, S. 549, 1929.

Schofield, M.: Reinigung chemischer Produkte mit Füllererde. Chem. News **136**, S. 372—373.

Scholz, A.: Aufschließen von Rohtonen. Chem.-Ztg. **53**, S. 899, 1929.

Seidell, A.: Fullererde eignet sich zum Adsorbieren für das antineuritische Vitamin. Journ. Biol. Chemistry **67**, S. 593—600.

Shadin, W., E. Uljaschtschenko u. W. Astafjew: Bleicherde aus Lehm hergestellt. Journ. chem. Ind. **5**, S. 864—868, 1928.

Soyer, H.: Industrie der natürlichen und künstlichen Bleicherden. Rev. Chim. ind. **42**, S. 174—178, 1933.

Ssuschizki, L. A.: Untersuchung der aktivierten Bleicherde Krymsil. Mineral-Rohstoffe **6**, S. 89—94, 1931.

— Naturtone aus der Krim. Mineral-Rohstoffe **6**, S. 527—536.

Staley, F. R.: Kontaktfiltration von Bradfordölen durch Bleicherde. Petroleum Engin. 2, Nr. 12, S. 29—30, 1931.

Stein, L.: Regenerierung gebrauchter Fullererde in einer Fabrik. Chem. metallurg. Engin. **33**, S. 472—473.

Tanaka, Y. u. R. Kobayashi: Förderung der Hochdruckhydrierung von fetten Ölen durch japanischen sauren Ton mit Nickelüberzug. Journ. Soc. chem. Ind. Japan (Suppl.) **35**, S. 29 B—30 B, 1932.

— u. T. Kuwata: Adsorption von Indophenol und p-Nitranilinrot durch den sauren Ton von Odo. Journ. Fac. Engin., Tokyo Imp. Univ. **18**, S. 99—187, 1929.

— — u. S. Furuta: Herabsetzung des Adsorptionsvermögens von japanischem saurem Ton für Farbstoffe durch Stoffe mit polaren Gruppen. Journ. Fac. Engin., Tokyo Imp. Univ. **20**, S. 53—64, 1932.

Travers, A.: Ursache der Wirkung der Bleicherden. Chim. et Ind. **29** (Sondernummer 6), S. 793—796, 1933.

Twaketschrelids: Gumbrin eine Bleicherde in Georgien. Chem. Apparatur 1930, S. 240.

Typke: Verwendung von Bleicherden in der Mineralölindustrie. Petroleum **24**, S. 673—692.

Utermöhlen, H.: Methode zur Bestimmung der Entfärbungskraft von Bleicherden. Chem.-Ztg. **55**, S. 625—626, 1931.

Valli-Douau, L.: Eigenschaften und Aktivierung von Bleicherden. Chim. et Ind. **21**, Nr. 2, S. 2689—2692.

Wassiljew, N. A. u. L. W. Shirnowa: Aufnahme von Harz und harzähnlichen Stoffen aus Petroleum durch Bleicherden. Petroleum- u. Ölschieferind. **17**, S. 707—712, 1929.

Wiberg, A.: Kritik der Bestimmungsmethode des Adsorptionsvermögens bei der Entfärbung von Mineralöl mittels Bleicherde. Ztschr. angew. Chem. **41**, S. 1338 bis 1342, 1928.

— Entfärbung vegetabilischer Öle durch Bleicherden. Technisk Tidskr. Kemi **58**, S. 4—7.

Williams, R. J., J. L. Wilson u. F. H. von der Ahe: Fullererdeverwendung bei der Bios-Prüfung in der Hefe. Journ. Amer. chem. Soc. **49**, S. 227—235.

Wischin, R. A.: Bezeichnung Bleicherde und Floridin. Petroleum **21**, S. 2055 bis 2057, 1925.

Yamamoto, K.: Röntgenuntersuchungen von japanischem saurem Ton. Journ. Soc. chem. Ind. Japan (Suppl.) **8**, S. 482 B—486 B, 1932.

— Löslichkeit des japanischen sauren Tones in alkalischen Lösungen. Journ. Soc. chem. Ind. Japan (Suppl.) **36**, S. 38 B—42 B, 1933.

Zublin, E. W.: Regenerierung gebrauchter körniger Bleicherden. Oil Gas Journ. **31**, S. 12, 1932.

— Wasserbestimmungsmethode für Bleicherde. National Petroleum News **25**, Nr. 37, S. 36, 1933.

Patentlisten.

Patent	Erfinder bzw. Patentinhaber	Verfahren
	Die Herstellung von Kieselsäuregel (und -hydrosol) u. dgl.	
DRP. 444914 20. 12. 1925	I.G. Farbenindustrie A.G. (Erfinder W. Stöwener)	Man erteilt neutraler oder schwach saurer Kieselsäuregallerte durch einen Elektrolyten ein zwischen 7 und 10 liegendes p_H
Engl. P. 263198 DRP. 456406 9. 12. 1924 Amer. P. 1748315 Engl. P. 270040	Desgl.	Silikate werden den Zersetzungsmitteln unter solchen Konzentrationsverhältnissen zugesetzt, daß ein nicht alkalisch reagierendes Sol mit wenigstens 9 g SiO_2 auf 100 ccm der Gesamtflüssigkeit entsteht, das in Gel übergeführt wird
DRP. 469470 3. 6. 1924 Franz. P. 649794	Desgl.	Kieselsäuregallerte wird bei mäßiger Temperatur bis zur Erreichung einer festeren Masse vorgetrocknet, gewaschen und erhitzt
DRP. 469653 3. 3. 1927	Desgl.	Über homogenes Sol hergestellte Kieselsäuregallerte wird ohne Abpressen mechanisch behandelt, gegebenenfalls getrocknet und vorher geformt
DRP. 477101 19. 3. 1926	I.G. Farbenindustrie A.G. (Erfinder R. May und S. Münch)	Die Umsetzung von Alkalisilikat und Säure erfolgt in zwei Arbeitsstufen, zwischen denen die erhaltene Gallerte zerteilt wird. In einer der Stufen verwendet man eine gasförmige Säure
DRP. 478312 27. 9. 1927	K. Wolf und M. Praetorius	Kontinuierliche Herstellung von feinkörnigem Kieselsäuregel
DRP. 482176 7. 12. 1919 7. 12. 1918	The Silica Gel Corporation	Besonderes Verfahren zur Herstellung von stark adsorbierendem Kieselsäuregel
DRP. 490246 23. 7. 1925 Engl. P. 255863	I.G. Farbenindustrie A.G. (Erfinder W. Stöwener)	Für den Schrumpfungsprozeß von Kieselsäure aktiver Art werden Temperaturen oberhalb 120° C verwendet
DRP. 523585 3. 2. 1927	Desgl.	Am besten saure Kieselsäuregallerte wird aber nicht bis zur völligen Schrumpfung vorgetrocknet, gereinigt und auf p_H 7—10 bzw. oberhalb gebracht und mit Elektrolyten versetzt
DRP. 527370 3. 2. 1927	I.G. Farbenindustrie A.G. (Erfinder W. Stöwener und A. Rößler)	Der Kieselsäuregallerte wird durch einen Elektrolyten auf einen p_H von oberhalb 10 gebracht

Patent	Erfinder bzw. Patentinhaber	Verfahren
DRP. 527521 24. 7. 1925 Engl. P. 255864	I.G. Farbenindustrie A.G. (Erfinder W. Stöwener)	Kieselsäureniederschläge werden nach der Trennung von der Mutterlauge vor dem Auswaschen einem Druck von 100 Atm. und höher unterworfen und gegebenenfalls getrocknet
DRP. 530027 10. 10. 1925	Vereinigte Aluminiumwerke A.G. (Erfinder J. Rolle)	Kieselsäuregel wird aus den bei der Tonerdefabrikation abfallenden Aluminium-Silikat-Verbindungen hergestellt
DRP. 530730 3. 2. 1927	I.G. Farbenindustrie A.G. (Erfinder F. Stöwener und A. Rößler)	Die mehr oder weniger geschrumpfte Kieselsäuregallerte wird erneut gewaschen oder mit Säuren behandelt
DRP. 534905 11. 3. 1928 12. 3. 1927 Engl. P. 287066 und 314398 Franz. P. 650695	The Silica Gel Corporation	Kieselsäurehydrogel wird in einer wasserdampfgesättigten Gas- oder Dampfatmosphäre, gegebenenfalls in Gegenwart von Wasser erwärmt, und das Auswaschen vor oder nach der Erhitzung oder nach dem Trocknen und Aktivieren vorgenommen
DRP. 535834 20. 10. 1927 19. 11. 1926 Engl. P. 280934 Franz. P. 641694	Desgl.	Festes Kieselsäuregel wird mit einem Entwässerungsmittel imprägniert
DRP. 536546 3. 2. 1927	I.G. Farbenindustrie A.G. (Erfinder F. Stöwener und A. Rößler)	Dem Verf. der DRP. 444914, 527370 und 530370 wird nicht gallertartige, am besten unter Verwendung eines Säureüberschusses gefällte Kieselsäure unterworfen
DRP. 544868 18. 3. 1927 Franz. P. 650800	I.G. Farbenindustrie A.G. (Erfinder F. Stöwener)	Man erzeugt über ein Sol mit wenigstens 60, zweckmäßig zwischen 90—160 g SiO_2 im Liter eine Kieselsäuregallerte, die durch eine Presse geformt und getrocknet wird
DRP. 550557 6. 9. 1924	Desgl.	Durch Säuren zersetzte Silikate werden mit Säuren bis zur Gallertbildung unter Vermeidung der Entstehung eines Sols behandelt, diese Gallerte wird getrocknet, ausgewaschen und durch Erhitzen aktiviert
DRP. 551943 28. 8. 1927	M. Buchner und W. Bachmann	Künstliche, Wasser nur als Kristallwasser im festen stöchiometrischen Verhältnis enthaltende Silikate werden mit Säuren zersetzt

Patent	Erfinder bzw. Patentinhaber	Verfahren
DRP. 557337 14. 10. 1926	I.G. Farbenindustrie A.G. (Erfinder F. Stöwener)	Inhomogene Kieselsäuregallerte wird während oder nach ihrer Herstellung, gegebenenfalls unter Zusatz von anderen, zweckmäßig kolloiden Stoffe gemahlen, goschlagen, geknetet, gestoßen, geschüttelt u. dgl. Die entstandene Paste wird, gegebenenfalls nach ihrer Formung, getrocknet
DRP. 566081 20. 8. 1926	Desgl.	Schwach alkalisches Gel, aus dem beim Gerinnen eine Gallerte entsteht, die in 100 ccm mindestens 8 g SiO_2 enthält, wird dem Verfahren des DRP. 456406 ausgesetzt
DRP. 572266 14. 7. 1931	J. Behre	Kieselsäure wird in Gegenwart von Schutzkolloiden aus dem gelösten in den kolloiden Zustand übergeführt
DRP. 574721 20. 12. 1925 Engl. P. 263199	I.G. Farbenindustrie A.G. (Erfinder F. Stöwener)	Aus Sol erzeugte Kieselsäuregallerte wird durch Trocknen bei einem p_H, das zwischen 2 und 6 liegt, zum Schrumpfen gebracht
DRP. 581303 22. 7. 1925 Amer. P. 1751955	Desgl.	Feinkörnige Kieselsäure wird mit einem Bindemittel, das selbst eine Masse von hohem Adsorptionsvermögen zu bilden vermag, geformt, getrocknet und bzw. oder geglüht
Franz. P. 650257	The Silica Gel Corporation	Kieselsäuregel wird mit Schwefelsäure o. dgl. behandelt und mit einem reduzierenden Gas gesättigt und dann mit einem Metallsalz behandelt
DRP. 610683	Vereinigte Aluminium-Werke A.G.	Behandeln von künstlichem Natrolith mit Säuren
Franz. P. 652022 Engl. P. 313242 und 314398 Amer. P. 1773279	The Silica Gel Corporation (Erfinder E. B. Miller)	Kieselsäurehydrogel wird nach dem Auswaschen mit heißem Wasser mit Schwefelsäure von 50° Bé behandelt und nochmals in gleicher Weise ausgewaschen
Franz. P. 652269 Engl. P. 298890	The Silica Gel Corporation	Das bei der Zerkleinerung großer Kieselsäuregelstücke entstehende Feingut wird mit Kieselsäurehydrogel gemischt, gerührt und das geronnene Gel fast völlig entwässert
Franz. P. 652270 Engl. P. 303138	Desgl.	Durch Waschen mit erwärmtem Wasser und Trocknen wird Hydrogel in körnige Form übergeführt

Patent	Erfinder bzw. Patentinhaber	Verfahren
Franz. P. 663277 Engl. P. 328241 Amer. P. 1783304	A. P. Okatoff	Natriumsilikat wird mit Salzsäure in solcher Menge gemischt, daß nicht mehr als 25% nach der Neutralisation in der Lösung vorhanden sind; hierauf wird die Gallerte mit Wasser gewaschen und getrocknet
Franz. P. 766346	Produits Silgelae	Kieselsäurehydrosol wird mit Hilfe von Weinsäurelösung in verdünntem Alkohol aus wässeriger Kaliumsilikatlösung erzeugt, vor der Koagulation des Hydrosols Essigsäure zugesetzt und das Gel entwässert
Engl. P. 159508 Amer. P. 1696644 und 1696645	Silica Gel Corp. (Erfinder W. A. Patrick)	Man mischt eine Lösung leicht hydrolysierbarer Metallsalze (Kupferchlorür, Magnesiumchlorid, Alkalialuminat, Eisen- oder Nickelsalze) mit Natriumsilikatlösungen, wäscht das erhaltene Gel aus und trocknet es
Engl. P. 255904	I.G. Farbenindustrie A.G.	Kieselsäuresol oder -gel wird mit einem katalytischen Stoff (z. B. Kupfersulfat) durch inniges Verrühren bzw. Zerteilen gemischt
Engl. P. 266133	Desgl.	Schlacken oder Zeolithe werden mit Säuren behandelt, das Gemisch wird stehen gelassen, das erhaltene Gel ausgewaschen, getrocknet und erhitzt
Engl. P. 270040 und 315675	Desgl.	Eine zersetzliche Siliziumverbindung wird zu der Zersetzungsflüssigkeit (Salzsäure) hinzugegeben und zwar in der Weise, daß ein nichtalkalisch reagierendes, wenigstens 9 g SiO_2 in je 100 ccm der Flüssigkeit aufweisendes Sol entsteht, das zum Gel erstarrt, das ausgewaschen und erhitzt wird
Engl. P. 271564 Amer. P. 1798766	Desgl.	Kieselsäuregallerte wird zum Teil ausgewaschen, getrocknet, nochmals ausgewaschen und nochmals getrocknet
Engl. P. 279941 Franz. P. 623911 Oest. P. 112964 Amer. P. 1699358	I. G. Farbenindustrie A.G. (Erfinder W. J. Müller, H. Carstens und J. Drucker)	Kieselsäuregallerten werden in Plattenform in Rahmen ausgewaschen und getrocknet
Engl. P. 299483	P. Spence & Sons Ltd. (Erfinder T. J. I. Craig und A. Kirkham)	Alkalisilikatlösung wird mit Kohlendioxyd gefällt in Gegenwart von Alkalikarbonat oder -dikarbonat

Patent	Erfinder bzw. Patentinhaber	Verfahren
Engl. P. 391322	„Salvis“ Aktien-Gesellschaft für Nährmittel und Chemische Industrie	Kieselsäuregel wird unter Zusatz von losen Fasern vermischt und erhitzt
Amer. P. 1665264	H. N. Holmes und J. A. Anderson	Silikatlösung wird mit einer Metallsalzlösung vermischt und das gebildete unlösliche Metalloxyd mit einer Säure herausgelöst
Amer. P. 1687919	Max Yablick	Natriumsilikatlösung wird mit Ammoniumkarbonat behandelt, das erhaltene Gel zerbrochen und ausgewaschen
Amer. P. 1695740 Engl. P. 280934	Silica Gel Corp. (Erfinder W. A. Patrick) (Erfinder E. B. Miller und G. C. Connolly)	Poröses Kieselsäuregel mit Poren, das wenigstens 21% seines Gewichts aus Wasserdampf adsorbiert, wenn es sich im Gleichgewicht mit Wasserdampf bei einem Partialdruck von 22 mm Quecksilber befindet, wird mit katalytischen Stoffen (Platin) behandelt
Amer. P. 1695740	Silica Gel Corp. (Erfinder W. A. Patrick)	Hartes poröses Kieselsäuregel wird mit Ammoniumchlorplatinat imprägniert und erhitzt
Amer. P. 1739305	T. P. Hilditch und H. J. Wheaton (Erfinder H. N. Holmes)	Kieselsäuregallerte wird in feiner Zerteilung mit Säure so lange gekocht, bis das in Säure lösliche gelöst ist, worauf die saure Lösung abgetrennt und das Gel mit Wasser gekocht wird
Amer. P. 1755496	General Zeolite Co. (Erfinder A. S. Behrman)	Eine kolloidsaure Kieselsäurelösung wird mit einer alkalischen Lösung behandelt
Amer. P. 1762228	H. N. Holmes	Silikatlösung wird mit Säure in Gel übergeführt, letzteres in Gegenwart von Wasser auf 80—150° C erhitzt, ausgewaschen und getrocknet
Amer. P. 1813272	I. G. Farbenindustrie A.G. (Erfinder W. Biltz)	Man entwässert Kieselsäurehydrogel mit flüssigem Ammoniak
Amer. P. 1864628	E. H. Barklay	Silikatlösung wird mit einer Wolframsalzlösung verrührt und unter Weiterrühren wird eine Zinnsalzlösung zugesetzt
Amer. P. 1867435	S. T. Adair (Silica Gel Corp.)	Gele der Kiesel-, Wolfram-, Titan-Zinnsäure oder Mischungen dieser werden mit einer Substanz, die in hochaktive Kohle übergeführt werden kann, imprägniert, getrocknet und geglüht

Patent	Erfinder bzw. Patentinhaber	Verfahren
Amer. P. 1868565	Silica Gel Corp.	Aktive Kohle wird in anorganische Gele (Kieselsäuregel) eingelagert und sodann werden letztere in harte, poröse Gele übergeführt
Amer. P. 1872183	P. U. Porter und R. E. Needham	Fein gemahlener Laumontit wird mit verdünnter Salzsäure in der Kälte gemischt, die Mischung stehen gelassen, die überstehende Flüssigkeit dekantiert, bis zum Erstarren in flachen Schalen stehen gelassen und getrocknet
Amer. P. 1878108 Engl. P. 262306	I.G. Farbenindustrie A.G. (Erfinder H. Carstens und G. Kröner)	Kieselsäuregallerte wird mit einer Lösung behandelt, die so viel Alkali enthält, daß die Lösung in Berührung mit der Gallerte dauernd alkalisch bleibt, worauf man letztere wäscht und entwässert

Die Verwendung des Kieselsäuregels.

Die Verwendung des Kieselsäuregels zur Adsorption von Gasen und Dämpfen.

Patent	Erfinder bzw. Patentinhaber	Verfahren
Franz. P. 667091	I. G. Farbenindustrie A.G.	Gewinnung ungesättigter Verbindungen (Azetylin) mittels Kieselsäuregel aus zuvor erhitzten Gasgemischen
Amer. P. 1617305	J. A. Guyer und M. C. Taylor	Chlorabscheidung aus Gasen mittels Kieselsäuregel
Amer. P. 1787875	G. S. Perrott und M. Yablick (Mine Safety Appliances Company)	Reinigung ammoniakhaltiger Luft durch Kieselsäuregel
Amer. P. 1789194	P. O. Rockwell	Entfernen von Feuchtigkeit aus sauren Dämpfen mittels mit Hexamethylen imprägniertem Kieselsäuregel

Die Verwendung des Kieselsäuregels zum Reinigen von Ölen, Fetten, Wachsen usw.

Patent	Erfinder bzw. Patentinhaber	Verfahren
DRP. 439268	H. Carstens, G. Kröner und W. J. Müller (I.G. Farbenindustrie A.G.)	Reinigung von organischen Flüssigkeiten (Öle, Fette usw.) mit durch soviel Säure gefälltem Kieselsäuregel, daß das Gel noch alkalisch reagiert
DRP. 505927	I. G. Farbenindustrie A.G.	Destillation von Rohmontanwachs über Kieselsäuregel, Bleicherde o. dgl.
Engl. P. 308604	W. M. Knowling und M. M. Kostevitch	Gasolinreinigung durch Glaukosil und Filtration durch Silicagel

Patent	Erfinder bzw. Patentinhaber	Verfahren
	Die Verwendung des Kieselsäuregels als Katalysator.	
Engl. P. 282508	I.G. Farbenindustrie A.G.	Oxydation von Schwefelwasserstoff in Gegenwart von Kieselsäuregel
Engl. P. 288308 und 308220	I.G. Farbenindustrie A.G.	Überleiten von Halogensubstitutionsprodukten aromatischer Kohlenwasserstoffe über aktiviertes, gegebenenfalls metallisiertes Kieselsäuregel
Franz. P. 651015	W. C. Leamon	Kracken von Kohlenwasserstoffen bei 530—550° C in einer Kammer, die mit Silicagel gefüllt ist
Belg. P. 350287	I.G. Farbenindustrie A.G.	Phenolgewinnung durch Überleiten aromatischer Halogenverbindungen über erhitztes Kieselsäuregel
Amer. P. 1735327	A. M. Kennedy und S. J. Lloyd Federal Phosphorus Company	Phenolgewinnung durch Hindurchleiten von Benzol-Wasserdampf durch einen Kieselsäuregel enthaltenden Katalysator
	Die Verwendung des Kieselsäuregels in der Pharmazie, Medizin usw.	
Amer. P. 1629096	A. L. Davis	Zum Reinigen (Schweißaufsaugen) dient Silicagel, gegebenenfalls im Gemisch mit Talkum
	Die Verwendung des Kieselsäuregels für verschiedene sonstige Zwecke.	
DRP. 451055	S. Münch (I.G. Farbenindustrie A.G.)	Schmiermittel aus Kieselsäuregel im Gemisch mit geeigneten Stoffen
DRP. 451344	Henkel & Cie. G. m. b. H.	Regenerierung der bei der elektrolytischen Perboratgewinnung verwendeten Elektrolytlösungen durch Aufkochen mit Silicagel
DRP. 464351	W. Reichenburg	Entfernen von Phosphor und dessen Verbindungen aus Gasen mittels Kieselsäuregel
DRP. 476180	R. Müller und E. Rabald (C. F. Boehringer & Soehne G.m.b.H.)	Wasch- und Bleichmittel aus Kieselsäuregel, das Chlor aufgespeichert enthält
DRP. 512549	J. Ehrenzeller	Förderung der Backfähigkeit von Mehl o. dgl. mittels Silicagel, das mit Stickstoffdioxyd, Chlor, Brom o. dgl. behandelt worden ist
DRP. 532379	H. Thienemann, J. Drucker und R. Hartnauer (I.G. Farbenindustrie A.G.)	Gewinnung von Riechstoffen aus Blüten usw. mittels Silicagel

Patent	Erfinder bzw. Patentinhaber	Verfahren
Österr. P. 126712	Siemens & Halske A.G.	Getrocknete sauerstoffhaltige Gase werden durch Kieselsäuregel geleitet und dann durch stille elektrische Entladungen in Ozon übergeführt
Engl. P. 234462	Gas Accumulator Company (Autogen Gasaccumulator A.G.)	Aufspeichern von Azetylen mittels Kieselsäuregel
Engl. P. 295830	Corn Refining Products Company	Herstellung von Glukose durch Hydrolyse von Stärke mittels Säuren in Gegenwart von Kieselsäuregel
Franz. P. 637393	Henkel & Cie., G. m. b. H.	Reinigung chemischer Stoffe durch Kieselsäuregel
Franz. P. 651716	Verein für Chemische Industrie A.G.	Austreiben von an Silicagel adsorbierten organischen Verbindungen aus ersteren durch Kohlendioxyd
Franz. P. 662938	Schaarschmidt und Hofmeier	Entnikotinisierung von Tabakrauch durch Kieselsäuregel
Franz. P. 675658	J. Petersen	
Franz. P. 681851	J. Traube	
Amer. P. 1596622	W. A. Patrick (Silica Gel Corporation)	Kieselsäuregel zum Stabilisieren von organischen Nitroverbindungen verwendet

Die Bleicherden.

Die Herstellung von Bleicherden.

Patent	Erfinder bzw. Patentinhaber	Verfahren
DRP. 472958	O. Burghardt	Neutralisationsmaschine für Bleicherden
DRP. 453973	S. Kober	Steigern der Bleichwirkung von Bleicherden durch Erhitzen
DRP. 483063	H. Hackl (Bayerische Akt.-Ges. für Chemische u. Landwirtschaftlich-Chemische Fabrikate)	Roherde wird mit Schwefelsäure oder Bisulfat oder Gemischen dieser vermischt, getrocknet und ausgewaschen
DRP. 48771	Tonwerk Moosburg A. und M. Ostenrieder, G. m. b. H.	Der mit Wasser aufgeschlämmten Bleicherde wird Wasserglas oder Alkali zugesetzt, das Ganze eingedampft und mit Säure aktiviert
DRP. 486110 Schweiz. P. 126189	J. Brunner und O. Hell	Ungeschlämmte und ungemahlene Weißerde wird mit konzentrierter Säure behandelt
DRP. 494688	K. Wolf	Eindampfen eines Gemisches von Kalisalzen, Sulfitablauge und Wasserglas, Glühen des Rückstandes, Auslaugen mit Wasser und Trocknen bei 105° C

Patent	Erfinder bzw. Patentinhaber	Verfahren
DRP. 507296	Pfirschinger Mineralwerke Gebr. Wildhagen & Falk	Roherdekörner werden mit stark konzentrierter Mineralsäure unter Druck erhitzt
DRP. 552956	R. Fahr (I.G. Farbenindustrie A.G.)	Behandeln von Bleicherden mit alkalischen Stoffen
DRP. 567982	Pfirschinger Mineralwerke Gebr. Wildhagen & Falk	Bleicherden werden unter Zusatz einer in dem zu klärenden Gut unlöslichen Säure (Milchsäure) mit Säuren von hohem Dissoziationsgrade behandelt
DRP. 568128	J. K. Wirth und K. Retter (Gewerkschaft Tannenberg, Werk Leopoldshall)	Rühren während des Säureaufschlusses von Bleicherde durch fein verteilte Druckluft usw.
DRP. 572778	Reyersholms Gamla Industri Aktiebolag	Abfallprodukte der Herstellung von Aluminiumsalzen aus Tonen werden mit Säuren ausgewaschen, getrocknet, erhitzt und gemahlen
DRP. 580712 Österr. P. 133921 Franz. P. 741918	H. L. Lehmann Bayerische Aktien-Gesellschaft für Chemische und Landwirtschaftlich-Chemische Fabrikate)	Wasserlösliche Salze (Aluminiumchlorid) benutzt man neben Säuren zum Aufschließen natürlicher Silikate
DRP. 581217	A. Scholz	Aufgeschlämmter grubenfeuchter Ton wird durch konzentrierte Salzsäure und das Kondensat des eingeleiteten Kochdampfes aktiviert
DRP. 597716 20. 9. 1932	Atom-Studiengesellschaft für Erze, Steine Erden m. b. H.	Wässerige Tonaufschlämmungen werden mit Hilfe des elektrischen Stromes aktiviert
Franz. P. 5760646	Posehls Apparatebau Export-G. m. b. H.	
Engl. P. 412805	K. Endell	
DRP. 606346 25. 12. 1932	Norddeutsche Chemische Fabrik in Harburg	Ton wird mit Säuren aufgeschlossen
Engl. P. 217438	C. E. J. Goedecke (W. Eberlein)	Suspensionen von natürlichen oder künstlichen Silikaten (Ton) werden mit Alkali (gegebenenfalls nach Zusatz organischer Farbstoffe) gekocht

Patent	Erfinder bzw. Patentinhaber	Verfahren
Engl. P. 272979	J. G. Cloke	Tone werden mit Fluor oder Flußsäure behandelt
Franz. P. 583163	F. W. Prutzman	Erden vom Typus des Montmorillonits werden mit Säuren behandelt
Amer. P. 726091	C. A. Mckerrow	Tone usw. werden mit Dampf behandelt
Amer. P. 1272197	Celite Product Company (P. A. Boeck)	Fullererden werden mit Infusorienerde gemischt
Amer. P. 1579326	Producers and Refiners Corporation (H. L. Kauffman)	Gemahlene Leevierite werden mit Schwefelsäure behandelt
Amer. P. 1598254 1598255 1598256	General Petroleum Corporation (F. W. Prutzman und A. D. Bennison)	Magnesiumsilikat als Bleichmittel für Öle und Fette wird gegebenenfalls mit Säure behandelt
Amer. P. 1592543	Shell Company (J. K. Stewart)	Aluminiumsulfat- und Natriumsilikatlösungen werden zusammengebracht
Amer. P. 1610408	W. B. Alexander (J. H. Magoon)	Kohlenstoffhaltige Tone werden geglüht
Amer. P. 1617476	Standard Oil Company (H. S. Christopher)	Reine Aluminiumhydrosilikate für Raffiniermittel für Petroleumöle
Amer. P. 1630660	K. Ikeda, H. Isobre und T. Okazawer (Z. H. R. Kenkyujo)	Fullererde wird mit Wasser verknetet und erhitzt
Amer. P. 1634514	W. D. Rial und E. W. Gard	Tone werden mit gereinigtem Petroleumdestillat und Schwefelsäure behandelt. Der Destillatüberschuß wird ausgetrieben
Amer. P. 1642871	Contact Filtration Company (M. L. Chappell und M. M. Moore)	Tone der Montmorillonittype werden mit Säure behandelt
Amer. P. 1649366	S. W. Shattuck Chemical Co (J. S. Potter)	Tone werden mit Schwefelsäure erhitzt
Amer. P. 1711504	Sun Oil Company (H. T. Maitland)	Aluminium-Sulfat dient zur Gewinnung von Entfärbungsmassen mit Ammonium-Aluminiumsilikat
Amer. P. 1715439	G. E. van Nes	Wasserglas, eine Base und eine Säure werden zu der zu klärenden Lösung zugesetzt
Amer. P. 1716828	J. C. Merrill und H. S. Montgommery	Ton wird mit Elektrolyten (Sulfaten oder Borsäure) behandelt

Patent	Erfinder bzw. Patentinhaber	Verfahren
Amer. P. 1739734	Union Oil Company (W. A. Raine und R. C. Pollock)	Tone werden mit Wasser imprägniert und mit Schwefelsäure erhitzt
Amer. P. 1742433	J. V. Apablasa (O. J. Salisbury)	Ton wird in trockenem und fein zerteiltem Zustande mit einer geringen Menge der Lösung des Reaktionsproduktes zwischen Schwefelsäure, Natriumsilikat, Natriumbisulfat und Wasser in zerstäubtem Zustande behandelt
Amer. P. 1744610	R. O. Boykin	Fullererde wird mit Wasser geformt
Amer. P. 1776990	Filtrol Company (W. S. Baylis)	Bentonit o. dgl. wird mit Säure behandelt
Amer. P. 1781265	Desgl.	
Amer. P. 1792625	Desgl.	
Amer. P. 1796799	The Texas Co. (R. E. Manley und M. L. Langworthy)	Ton wird mit verdünnter Schwefelsäure erhitzt
Amer. P. 1819496	Filtrol Company (W. S. Baylis)	Ton wird mit verdünnter anorganischer Säure extrahiert
Amer. P. 1823230	Desgl.	Ton wird mit Dampf und Säure behandelt
Amer. P. 1831635	Sinclair Refining Company (H. L. Pelzer)	Rohe Fullererde wird mit Petroleumölen entwässert
Amer. P. 1838621	J. D. Haseman	Extraktion von Tonen mit Schwefelsäure
Amer. P. 1844476	Universal Oil Products Co. (J. C. Morrell)	Bleicherden, Bauxite und Kieselsäure werden mit verdünnter Flußsäure veredelt
Amer. P. 1873520	California Chemical Corporation (H. T. Woodward)	Kieselsäure läßt man auf ein Erdalkaliborat in Gegenwart von Wasser einwirken
Amer. P. 1890474	C. Tietig	Ton wird mit einem Gemisch von Wasserstoff und Chlor gebrannt
Amer. P. 1913960	E. E. Roll (H. Schmitt)	Ton wird mit einer Säure extrahiert
Amer. P. 1926148	F. W. Huber	Ton der Bentonit- und Montmorillonittype wird mit Schwefelsäure behandelt
Amer. P. 1929113	J. D. Haseman	Bentonit u. dgl. wird nacheinander mit Salz- und Schwefelsäuren behandelt
Amer. P. 1945534	Johns Manville Corporation (E. W. Rembert)	Man läßt fein verteiltes kieselsäurehaltiges Material und Oxyde bzw Hydroxyde miteinander reagieren

Patent	Erfinder bzw. Patentinhaber	Verfahren
Amer. P. 1946124	Filtrol Company (D. S. Belden und W. Kelley)	Aktivierter Tonbrei wird mit fein zerteiltem, lufttrockenem Ton gemischt und erhitzt
Amer. P. 1976127	F. W. Huber	Bleicherden oder Tone werden mit Schwefelsäure erhitzt

Die Gewinnung der Salzsäure usw. aus den Endlaugen der Bleicherdefabrikation.

Patent	Erfinder bzw. Patentinhaber	Verfahren
DRP. 449993 16. 6. 1926	E. Maag	Verdampfung und Zersetzung der Laugen in zwei Stufen
DRP. 451531 8. 2. 1926	E. Maag	Verteilung der Laugen im Verdampfungs- und Zersetzungsraum durch eine Koksschicht
DRP. 464086	Sirius-Werke A.G.	Die salzsauren Ablaugen werden mit Metalloxyden, denen Chloride in der Hitze wieder Salzsäure geben, in Berührung gebracht und erhitzt
DRP. 505210 28. 6. 1929	H. Hackl	Das Eisen in den Ablaugen wird als basisch-schwefelsaures Eisen gefällt
DRP. 541613	H. Hackl	Auf die Laugen wird basenausgetauschtes Kaolin oder Ton in der Siedehitze zur Einwirkung gebracht

Die Verwendung der Bleicherden zur Reinigung von Ölen, Fetten, Wachsen usw.

Patent	Erfinder bzw. Patentinhaber	Verfahren
DRP. 438754	Leprince & Sieveke A.G.	Mit Bleicherden in wenigen Prozenten versetzte Kohlenwasserstoff(öle) werden destilliert
DRP. 472184	Hermann Bensmann	Regenerierung gebrauchter Schmieröle unter Verwendung von Polymerisationsmitteln und Bleicherde
DRP. 475343	Werschen-Weißenfelser Braun-Kohlen-Akt.-Ges.	Reinigung von Paraffin durch Bestrahlen mit kurzwelligen Strahlen und Behandlung mit Bleicherde
DRP. 480345	H. Bollmann	Kontinuierliche Bleichung fetter Öle, Mineralöle u. dgl. mittels Bleicherde
DRP. 505927	I.G. Farbenindustrie A.G.	Rohmontanwachs wird in Gegenwart von Bleicherde destilliert
DRP. 507965	Siemens-Schuckertwerke A. G.	Reinigung des Isolieröls bei Ölschaltern durch Kieselsäuregel
DRP. 520475	A. Godal	Bleichung mariner Öle durch Bleicherde und Behandeln mit Schwefelsäure
DRP. 523201	I. G. Farbenindustrie A.G.	Montanwachs wird mit Fullererde gereinigt

Patent	Erfinder bzw. Patentinhaber	Verfahren
DRP. 532211	Carbo-Norit-Union Verwaltungsgesellschaft	Saure Kohle wird im Gemisch mit Bleicherde zum Entfärben und Reinigen von Ölen und Fetten verwendet
DRP. 532298	R. von Grätzel	Wachse werden in gelöstem Zustande mit Bleicherde im geschlossenen Gefäß entfärbt
DRP. 532429	R. Michel (I. G. Farbenindustrie A.G.)	Die Sauerstoffbeständigkeit von Isolierölen, die aus alkylierten Naphthalinen bestehen, wird durch Destillation über Bleicherde u. dgl. erhöht
DRP. 557740	Standard Oil Development Company	Schmieröldestillate des Erdöls oder Teers werden mit Bleicherde in kleinen Kolonnen behandelt
DRP. 561444	E. Wilm (Berliner Städtische Elektrizitätswerke A.G.)	Vorrichtung zum Reinigen von Mineralölen mit Bleicherde
DRP. 581635	Imperial Oil Limited.	Reinigen von Kohlenwasserstoffdämpfen mittels Fullererde
Engl. P. 154895	F. C. Thiele und C. Cordes	Pechreiche Petroleumrohöle oder Petroleumrückstände werden mit Aluminiumhydrosilikaten (Fullererde) erhitzt
Engl. P. 313523	N. V. Bataafsche Petroleum-Maatschappij	Mineral- insbesondere Schmieröle werden mit Schwefelsäure, Bleicherde und Alkalihydroxydlösung behandelt
Engl. P. 345738	I. G. Farbenindustrie A.G.	Rohkohlenwasserstoffe werden mit Fullererde behandelt
Franz. P. 670366	C. Randaccio	Öle werden erst mit Zinkchlorid und nach Entfernen des dabei gebildeten Niederschlags mit Fullererde behandelt
Amer. P. 1706614	L. M. Johnston und J. L. Farrell	Die Dämpfe von Kohlenwasserstoffen werden durch eine Kammer geleitet, in die eine strangförmige Paste aus Fullererde und Wasser fortlaufend eingeführt wird
Amer. P. 1714097	A. E. Miller (Sinclair Refining Company	Schwere Kohlenwasserstoffe werden über Fullererde destilliert
Amer. P. 1714133	E. B. Philipps und J. G. Strafford (Sinclair Refining Company)	Aus Schmierölen wird Paraffinwachs mit Fullererde abgeschieden
Amer. P. 1724068	G. Egloff und J. C. Morrell (Universal Oil Products Company)	Gekrackte Mineralöldestillate werden durch Behandeln mit einer Lösung von Kupfersulfat in Schwefelsäure und hierauf mit Alkalien, Wasser und Adsorptionserden entschwefelt

Patent	Erfinder bzw. Patentinhaber	Verfahren
Amer. P. 1735988 und 1736022	T. de Colon Tifft und A. C. Vobach bzw. F. A. Apgar (Sinclair Refining Company)	In Dampf übergeführte Kohlenwasserstoffe werden durch Fullererde geleitet
Amer. P. 1739796	P. Mahler (Darco Sales Corporation)	Bienenwachs wird mit einem Gemisch von Tier- oder Pflanzenkohle und Fullererde gebleicht
Amer. P. 1750646	E. Pettey (De Laval Separator Company)	Paraffindestillate werden mit verdünnter Schwefelsäure, Natronlauge und Wasser und das durch Zentrifugieren getrennte Öl und das Paraffin getrennt mit Fullererde behandelt
Amer. P. 1831094	W. J. Clayes	Ölfilter aus mehreren Lagen von Fullererde
Amer. P. 1839060 und 1839062	R. G. Tellier (F. B. Jackson)	Reinigungsmittel für Öle und Zuckerlösungen entsteht durch Einwirkenlassen von konzentrierter heißer Sulfitablauge auf gekörnten Ton
Amer. P. 1898165	W. S. Baylis und D. S. Belden (Filtrol Co. of California)	Mineralöl wird mit Wasser und Bleicherde (gegebenenfalls auch Schwefelsäure) erhitzt

Die Verwendung der Bleicherden zu verschiedenen sonstigen Zwecken.

Patent	Erfinder bzw. Patentinhaber	Verfahren
DRP. 451535	E. Freund (Chemische Fabrik auf Aktien (vorm. E. Schering)	Herstellung ungesättigter Verbindungen (Cyklohexan) mittels Bleicherde aus den entsprechenden Hydroxylverbindungen
DRP. 486830	Akt.-Ges. für Chemiewerte	Behandeln von rezenten Stoffen pflanzlicher Herkunft (Stein-, Braunkohle, Torf) mit Salpetersäure und Bleicherde zwecks Erzeugung gerbend wirkender Oxydationsprodukte
DRP. 607930	E. Hüttemann und W. Czernin	Zur Adsorption von Gasen und Dämpfen werden Hydrosilikataluminate verwendet
Engl. P. 249550	I. G. Farbenindustrie A.G. (Aktien-Gesellschaft für Anilin-Fabrikation)	Trennen von Stoffen mit einem Lösungsmittel in Gegenwart von Fullererde
Franz. P. 683959	V. A. Marchal	Zum Reinigen bzw. Polieren von Metallen benutzt man Gemische von Fullererde, Öl und Talkum

Patent	Erfinder bzw. Patentinhaber	Verfahren
Amer. P. 1738906	L. Kirschbraun	Als Dispersionsmittel bei der Herstellung von Emulsionen aus Asphalt o. dgl. und Bentonit (als Emulgiermittel) setzt man Fullererde zu
Amer. P. 1748787	H. S. Mork	Zum Färben von Kohle mit basischen Farbstoffen benutzt man letztere nach deren Aufsaugung durch Fullererde
Austral. P. 24133	Standard Oil Development Company	Bleicherden werden zum Entfärben von Pflanzenextrakten verwendet
Das Regenerieren von Kieselsäuregel, Bleicherden o. dgl.		
DRP. 476398 17. 12. 1927 29. 1. 1927 Engl. P. 284327	R. R. Rosenbaum	Walkerde, fetter Ton usw. werden nach ihrer Erschöpfung bei der Filtration von Kohlenwasserstoffen, Ölen, Fetten usw. mit flüssiger schwefliger Säure behandelt
DRP. 499318	J. Herrmann	Zum Lösen der aufgenommenen Stoffe werden Bleicherden bzw. Kieselsäuregel mit Substanzen behandelt, die gleichzeitig freie Alkohol- oder Ketongruppen und Äther oder Esterpruppen (Glykoläther) enthalten
DRP. 605736	H. Gerstenberg	Erschöpfte Bleicherden werden mit flüchtigen Fettlösungsmitteln und dann mit Soda- und Pottaschelösung in der Hitze behandelt, getrocknet und gesiebt
Amer. P. 725091	C. A. McKerrow	Gebrauchte Hydrosilikate werden mit Dampf behandelt
Amer. P. 1256233	Standard Oil Company (C. M. Husted)	Fullererde wird mit Schwefelsäure behandelt
Amer. P. 147552	Manning Refining Equipment Corporation (F. W. Manning)	Die gebrauchten Erden werden mit heißen Verbrennungsgasen erhitzt
Amer. P. 1513622	Desgl.	Apparat zur Ausführung des vorstehenden Verfahrens
Amer. P. 1514731	R. R. Rosenbaum	Gebrauchte Walkerde wird mit Säure und dann mit Ammoniak behandelt
Amer. P. 1613299	Elmenton Refining Company (L. A. Tarbox)	Die gebrauchten Bleicherden werden mit Heizgasen in langen Rohren behandelt
Amer. P. 1633871	Contact Filtration Company (P. W. Prutzman)	Behandeln der gebrauchten Erden mit organischen Lösungsmitteln
Amer. P. 1654629	Filtrol Company (W. S. Baylis)	Tone werden zur Wiederbelebung mit überhitztem Dampf behandelt

Patent	Erfinder bzw. Patentinhaber	Verfahren
Amer. P. 1694971	Union Oil Company (R. A. Dunham)	Verdrängen des aufgenommenen Öles durch Wasser aus gebrauchten Erden
Amer. P. 1702738	The Texas Company (R. E. Manley)	Wieder zu belebendes Adsorptionsmaterial wird mit Wasserdampf behandelt
Amer. P. 1706261	The Texas Company (F. W. Hall)	Gebrauchte Fullererde wird mit einem Gemisch von Gasolin und Alkohol behandelt
Amer. P. 1715535	Contact Filtration Company (M. L. Chappell)	Mit Farbstofflösungsmitteln (Azeton, Alkohol, Keton), die 3% Schwefelsäure enthalten, werden gebrauchte Tone behandelt
Amer. P. 1724531	The Texas Company (W. M. Stratford)	Durch gebrauchte Bleicherden werden erhitzte Lösemittel (Naphtha) getrieben
Amer. P. 1752721	H. E. Bierce	Bei der Mineralölraffination benutzte
Amer. P. 1763167	Standard Oil Company (W. Lowery)	Tone werden mit Sodalösung behandelt
Amer. P. 1768465	Nichols Copper Company (H. J. Hartley)	Kontinuierliches Wiederbelebungsverfahren in einem Ofen unter Sauerstoffzufuhr
Amer. P. 1770166	Contact Filtration Company (F. A. Bent)	Gebrauchte Tone werden mit mehrwertigen Alkoholen behandelt
Amer. P. 1782744	Richfield Oil Company (W. D. Rial und W. R. Barratt)	Erst Naphtha, dann ein Destillat der sauren Öle läßt man auf gebrauchte Tone einwirken
Amer. P. 1794527	Newport Company (R. C. Palmer)	Alkohol im Gemisch mit leichten Petroleumdestillaten dient zum Entfernen der harzigen Verunreinigungen aus gebrauchten Tonen
Amer. P. 1794538	R. C. Palmer und J. L. Burda	Gebrauchte Fullererde wird mit Petroleumnaphtha erhitzt
Amer. P. 1806020	Standard Oil Company (C. K. Parker und F. A. Bent)	Destillieren und Karbonisieren gebrauchter Tone mit Dampf und Luft
Amer. P. 1806690	I. G. Farbenindustrie A.G. (G. Kröner und F. W. Stauf)	Kieselsäuregel, das zu katalytischen oder Adsorptionszwecken benutzt wurde, wird mit Salpetersäure, Gemischen dieser mit Schwefelsäure, Chlorwasser, Wasserstoffsuperoxyd o. dgl. behandelt
Amer. P. 1810155	Filtrol Company (W. S. Baylis)	Erhitzen der gebrauchten Tone mit Luft und Mischen der Tone mit Wasser und 1—4% Schwefelsäure

Patent	Erfinder bzw. Patentinhaber	Verfahren
Amer. P. 1851627	Nichols Engineering and Research Corporation (H. J. Hartley)	Gebrauchte Fullererde o. dgl. wird mit Wasser erhitzt
Amer. P. 1852603	Nichols Engineering and Research Company (G. G. Brockway)	Gebrauchte Bleicherde wird entölt und dann erhitzt
Amer. P. 1890255	Contact Filtration Company (J. K. Fuller)	Entfernung der Verunreinigungen aus gebrauchten, entölten Tonen mit Lösungsmitteln
Amer. P. 1890284	Desgl.	
Amer. P. 1911830	Standard Oil Development Company (R. B. Lebo)	Erhitzen von gebrauchtem Ton
Amer. P. 1943976	G. R. Lewers	Brennen der mit Öl gesättigten Bleicherden
Amer. P. 1945215	Philips Petroleum Company (A. E. Buell)	Die benutzten Tone werden in überschüssiger Naphtha in Gegenwart einer konzentrierten, alkoholischen Alkalilösung extrahiert
Amer. P. 1946748	Standard Oil Company (N. E. Lemmon und A. B. Brown)	Gebrauchte Filtertone werden vom Öl durch organische Lösungsmittel befreit, letzteres wird durch ein inertes wasserfreies Gas ausgetrieben, und die Tone werden gebrannt
Amer. P. 1956025	J. D. Haseman	Die gebrauchten Tone werden mit Wasser gemischt, dann erst niedrig erhitzt und hierauf geglüht
Kanad. P. 271630 271631	The Texas Company (F. W. Hall)	Bei der Raffination von Kohlenwasserstoffen gebrauchte Fullererde wird mit dem Gemisch von Benzin und Azeton behandelt

Namenverzeichnis.

Sachverzeichnis.